PROYECTO
LARSEN
FILOSOFÍA

FELDER

NUEVA TEORÍA DEL ORIGEN Y EVOLUCIÓN DEL UNIVERSO Y DEL TIEMPO

ACERCA DEL PENSAMIENTO METAFÍSICO DE EINSTEIN Y REFUTACIÓN DE LA TEORÍA DEL *"BIG-BANG"*

TEORÍA DE LA INTEGRACIÓN

PROYECTO
LARSEN
FILOSOFÍA

FELDER

NUEVA TEORÍA DEL ORIGEN Y EVOLUCIÓN DEL UNIVERSO Y DEL TIEMPO

ACERCA DEL PENSAMIENTO METAFÍSICO DE EINSTEIN Y REFUTACIÓN DE LA TEORÍA DEL *"BIG-BANG"*

Primer semestre
2014

TEORÍA DE LA INTEGRACIÓN

PROYECTO
LARSEN
FILOSOFÍA

Rodríguez Felder, Luis Hernán
Nueva teoría del origen y evolución del universo y del tiempo : acerca del pensamiento metafisico de Einstein y refutación de la teoría de Big-Bang . - 1a ed. - Ciudad Autónoma de Buenos Aires : Proyecto Larsen, 2014.
224 p. ; 24x16 cm.

ISBN 978-987-1458-55-4

1. Filosofía. I. Título
CDD 190

Nueva teoría del origen y evolución del universo y del tiempo.
Felder

Primera edición: diciembre de 2014

I.S.B.N.: 978-987-1458-55-4

Se ha hecho el depósito que establece la Ley 11.723

Bartolomé Mitre 3749 - Ciudad Autónoma de Buenos Aires
República Argentina
Impreso en Argentina - Printed in Argentina
Libro de edición argentina

Se terminó de imprimir en Mundo Gráfico SRL, Zeballos 885, Avellaneda, en diciembre de 2014 con una tirada de 1000 ejemplares.

Síntesis del contenido de esta obra para que, a partir de su lectura, el lector decida si aborda o no el contenido de la misma.

Propone esencialmente esta obra una reflexión acerca de la elementalidad –las *unidades elementales* de la materia–, que integran la totalidad de la *Unidad*, o universo, o continuo asociativo de la totalidad de la materia.

Este trabajo proviene del pensamiento integrado, y será foco de reflexión –tenemos la certidumbre– al menos por el resto de este siglo XXI, en evolución asociativa.

Hay en esta obra un firme y rotundo enunciado de transmutación de la trama conceptual del Pensamiento de la Asociación (trama asociativa de la totalidad de las asociaciones humanas) y entonces de los pensamientos individuales y colectivos que la integran. Deberá extinguirse, así, la rección conceptual (determinante-condicionante) metafísica-dialéctica sobre la misma, que ya ha cumplido su tiempo asociativo en la evolución asociativa de la Asociación.

La misión de la *Teoría* radica en alcanzar la extinción del condicionamiento, creído destinacional, y luego de la determinación, en tanto grados de intensidad de dicha rección, sosteniendo, asimismo, que *metafísica* y *dialéctica* constituyen una unicidad conceptual indisociable, pues ambas se fundamentan en creer que la dinamicidad existente en la totalidad del universo se debe a la oposición, al enfrentamientos de contrarios, a la pugna, a la constante agonía, generando una configuración semejante para la trama de conceptos o representaciones con las que el Pensamiento-los pensamientos pìensan.

Sostenemos que el pensamiento indagador o científico está contaminado profundamente de esa conceptualidad metafísica-dialéctica, de tal manera que el conjunto de la trama de conceptos emanados de la indagación de la trama del continuo debe ser revisado, y despojado de conceptos metafísicos-dialécticos como *igualdad, absolutez, inmaterialidad, inmutabilidad, atemporalidad, infinitud,* y así sucesivamente.

Afirmamos y fundamentamos que el pensamiento de Einstein está contaminado de tal rección conceptual, y que su aporte reflexivo e indagador debe ser revisado, más allá de su acierto en acercar un "paso" más el concepto de *tiempo* al concepto de *materia*. Y lo mismo afirmamos con respecto a la *Teoría del Gran Bang* como explicación del acontecimiento de origen del universo.

Enunciamos la teoría del pensamiento integrado acerca de este último acontecimiento como la G.E.A. o *Gran Expansión Asociativa*. Planteamos lo que creemos que es la asociación elemental de la materia, y cómo está integrada por dos partículas indivisibles de masa asociadas en energía asociativa. Definimos el tiempo como *tiempo asociativo*, y arribamos a la unidad física de ese tiempo, a la que denominamos *presente* o *cron*. Proponemos la existencia del espacio del universo como una trama de asociaciones elementales por la cual se traslada la materia en estado elemental desde una fuente de emisión hasta las fuentes de recepción.

Distinguimos una *Metafísica Integrada*, propia del precontinuo, que sostiene la conceptualidad metafísica-dialéctica como cualidades de dicho estadio. Alcanzamos un nuevo concepto acerca del *Ser* o del Dios del continuo o universo, considerándolo lo que provocó el acontecimiento de origen de la primera asociación elemental de materia, y también, el ser la *acción asociativa* (capacidad, aptitud, pulsión para asociarse y transmutar) del continuo o universo, es decir, la trama de la totalidad de las acciones asociativas de las asociaciones y tramas asociativas de materia que integran el universo.

Planteamos un *Modelo de Filosofía* que reintegre a la Asociación y a su Pensamiento a la configuración-contenido de este universo, nuestro universo.

"Si queremos que la filosofía vuelva a ser saber de saberes, partera de ciencias y faro de acción, se impone reconstruirla. Se impone repensarla no sólo correctamente, sino en grande."

Mario Bunge

Índice

La misión

La renovación de la *Filosofía* implica su unidad indisociable con la *Física,* como paso inicial de retorno a la reunión en una *Unidad Integrada,* cuya diversidad está conformada por la trama de la totalidad de la conceptualidad creada por el Pensamiento de la Asociación desde su acontecimiento de origen.

Re-unión en tanto re-integración al "orden natural", *no yendo* hacia el origen del pensamiento integrado, en los físicos-filósofos griegos –aquellos descalificados como pre-socráticos– *sino partiendo* desde ese acontecimiento de origen.

En estos presentes, la percepción de lo alcanzado en aquellos presentes –en términos conceptuales de la *Teoría de la Integración*– nos sitúa en el camino, ya comenzado entonces, del descubrimiento de *la totalidad* del mapa, o del plano, del cosmos, del universo, de lo físico.

¿Por qué totalidad?

Porque aquellos físicos-filósofos advirtieron, después del descubrimiento de la *Unidad,* es decir, el cosmos o continuo asociativo de la materia, como lo denomina la *Integración,* que era necesario descubrir en qué consistía la elementalidad, las *unidades elementales* que integrándose diversamente entre sí, lo conformaban todo. Aquello que Tales de Mileto señala: "*...debe haber una naturaleza* (un orden natural), *una o más de una, a partir de la cual, o de las cuales, se generan las demás cosas, mientras aquella se conserva.*"

Podemos entonces afirmar que el mapa del cosmos está referido en tres conceptos: el de las *unidades elementales,* el de las *tramas de unidades elementales,* y el de la *Unidad* de todas las unidades.

Pero en los actuales presentes sólo hemos descubierto la *Unidad,* y numerosas tramas de la complejidad conformadas desde las unidades elementales, pero desconocemos en qué consisten, cómo están constituídas estas unidades que integrándose entre sí, como ladrillos semejantes, generan la totalidad de la innumerable diversidad del universo.

Desconocemos hoy la elementalidad desde ésta hasta el nivel de los átomos. Sólo se han logrado arribos insatisfactorios, hasta el punto de denominar a las unidades como "partículas", y creer que el origen del universo proviene de una gran explosión.

Esta obra se focaliza en una *Teoría de la elementalidad,* proponiendo cómo están constituidas las asociaciones elementales. También se refiere y reflexiona sobre dos acontecimientos: el núcleo "duro" de las propuestas de Einstein, valorizando, jerarquizando por primera vez en más de dos mil años al término conceptual de la *relatividad,* en relación con *lo absoluto,* su par en la dualidad de oposición metafísica-dialéctica *absoluto-relativo,* lo que supone una extraordinaria transformación en relación a los siglos anteriores, y a la evolución de la Física, empeñada en la *absolutez* como cualidad de todo el universo físico. Y por último, en relación con la refutación que el pensamiento integrado concreta en relación con la teoría acerca del acontecimiento de origen del universo, refiriéndolo a un *Big-Bang,* o una *Gran Explosión,* cuando en realidad se trató de una G.E.A. o *Gran Expansión Asociativa,* en la evolución de la cual se conformó el actual universo, a partir del origen de las asociaciones elementales, que nosotros enunciamos como integradas por dos partículas de masa (**2m**) asociadas en energía asociativa (**e.a.**), conformando con ésta el espacio asociativo elemental que integra, entonces, a cada unidad en la elementalidad.

De este modo, podremos completar el mapa del continuo, al ir descubriendo la trama de tramas asociativas, integradas por asociaciones elementales, desde la elementalidad hasta el nivel asociativo de los átomos.

Tal la misión de la *Filosofía-Física,* o de la *Física-Filosofía Integrada.*

Felder

Buenos Aires, noviembre de 2014

I

NUEVA TEORÍA DEL ORIGEN Y EVOLUCIÓN DEL UNIVERSO

LA REFUTACIÓN DE LA TEORÍA DEL "BIG-BANG"

I

ACERCA DE LA UNIDAD DE TODAS LAS UNIDADES

Focalizadamente, estamos situados en el acontecimiento de origen del universo, y en las teorías acerca de cómo se produjo éste.

Claro que antes debemos reafirmar, reconfirmar, que el universo, o como lo denomina el pensamiento integrado, el *continuo asociativo de la materia,* se ha originado. Porque la afirmación del origen es reciente, y en los últimos años se ha confirmado, se ha comprobado, al parecer, y tan recientemente, que nos referimos a un acontecimiento probatorio descubierto hace sólo unos meses (2013-2014).

De tal modo que se vulnera lo que los indagadores tradicionales de la Historia exigen a su material de indagación: que se aleje temporalmente del cambio, de la transmutación constante, y que, en una palabra, "si es un cadáver, que esté bien muerto".

Pensamiento

Referencia al *Pensamiento* o acción asociativa (capacidad, aptitud de toda asociación o trama asociativa de transmutar asociándose) de la Unidad de la totalidad de las asociaciones humanas, individuales y colectivas, o *Asociación.*

El pensamiento integrado (o pensamiento de la *Teoría de la Integración*) sostiene que el Pensamiento –aún incipientemente, pese a los milenios de su evolución– está en condiciones de comprender e indagar bajo condiciones de transmutabilidad constante (por ser *su naturaleza*), tal como la medicina indaga en las asociaciones individuales humanas con vida, es decir, que aún no se han extinguido (rayos X, cateterismo, etc.).

Pero claro que nos estamos refiriendo a la trama del universo, desde la *Física-Filosofía Integrada*, y a un Pensamiento que estamos persuadidos avanza en su capacidad de indagación, de descubrimiento, y de asociación (integración) con lo descubierto-indagado-asociado (asociación que implica creación de representaciones o conceptos acerca de lo asociado, integrándolos a la trama conceptual del Pensamiento).

Para la *Teoría*, el origen del concepto de *Unidad* (Cosmos, Todo, Universo) se dió en los físicos, luego físicos-filósofos griegos anteriores a Platón. Claro que había antecedentes, en los siglos anteriores, los que fundamentalmente nos son visibles a través de sus manifestaciones religiosas. El caso de la transmutación del dios "jefe", o "líder" de la totalidad de los dioses y divinidades egipcias, Amón (politeísmo) en un Dios-Unidad, un único Dios (monoteísmo), Atón, el que reunió en sí a todas las divinidades anteriores transmutándolas a ser sus cualidades divinas. Lo que expresa un acontecimiento de extraordinaria importancia al evidenciar un cambio en el conocimiento y representación de la configuración-contenido del universo, originando el concepto de *Unidad* integrada por la totalidad de las unidades que conformaban su diversidad endógena. Lo que –como ya hemos abordado en otras obras, expresaba o enunciaba una nueva percepción de la configuración del universo. De la diversidad innumerable de unidades a la Unidad de toda esa diversidad innumerable de unidades. Y después, a la Unidad de la diversidad de todas las unidades, cada una con su diversidad de unidades, y así sucesivamente hasta cada unidad individual y única.

Tal transmutación fue abortada en Egipto (el Dios único, Atón, y el faraón Akenaton, así como los sacerdotes que lo impusieron fueron finalmente neutralizados o aniquilados), pero –en tanto clara evidencia de pensamiento integrado– perduró asociativamente a través de un pueblo, que vivió en Egipto, el pueblo judío y su Yahvé, luego Jehová, un Dios-Unidad (como Atón) que volvía a reunir en sí todas las cualidades divinas, las que otros pueblos corporizaban en innumerables divinidades.

Y si continuamos con el "recorrido", es decir, con la evolución asociativa del pensamiento integrado (o más integrado a la trama del continuo) a través del pensamiento religioso, debemos citar a Jesús, el Cristo, un rabí judío que propuso otro avance integrador de intensísima magnitud a su pueblo de sacerdotes.

Acerca de la integración - des-integración.

La *integración* es el concepto, y la *des-integración* –en sus múltiples intensidades (la mayoría sin codificación asociativa conceptual o denominación)–, es un término conceptual de la diversidad del concepto *integración*. Por lo que debe señalarse que el Pensamiento regido por la conceptualidad metafísica-dialéctica ha creado una dualidad de oposición: [*integración – des-integración*], a la que ha impuesto un ordenamiento jerárquico interno que otorga la mayor jerarquía a la *des-integración*, por implicar esto la dualidad de opuestos y entonces la explicación acerca de la generación de dinamicidad. Por lo que este concepto es determinante-condicionante sobre el otro concepto polar, el de la *integración*.

Pero si bien este segundo concepto no ha sido determinante, salvo en breves periodos, como el de los físicos-filósofos integrados griegos (de Tales a Parménides), ha existido permanentemente, aún bajo esta rección determinante-condicionante de la *des-integración*.

[La determinación des-integradora se expresa a través de la metafísica y la dialéctica, la primera representada por la dualidad conceptual esencial *Dios - universo*, y la segunda por la dualidad conceptual esencial *Ser - ente*, las que sostienen que lo que causa la transmutación de la totalidad del universo, y entonces su *dinamicidad* constante, reside en la oposición jerarquizada de los términos opuestos que conforman cada dualidad de representación, regida por un orden jerárquico.]

Es posible, entonces, a lo largo de la evolución asociativa de la Asociación de todas las asociaciones humanas, desde el origen de la misma, señalar los diversos grados de intensidad de la *integración* en relación con la trama configuracional del universo o continuo, tal como se señala la intensidad de la rección de la *des-integración*, a pesar de afirmar que el pensamiento integrado niega la existencia de las dualidades conceptuales de oposición, y considera al concepto de *integración* una unicidad conceptual, siendo la des-integración un término conceptual del mismo, que refiere una de sus intensidades.

La propuesta de Jesús, llamado o calificado como el Cristo, o el Mesías, y expresada a "los sacerdotes del templo", proponiendo que el Dios Yahvé dejara de ser el "Dios" del pueblo judío, y se transformara en el Dios de la Asociación, es decir, de la totalidad de las asociaciones humanas, fue rechazada, y se aniquiló (o se permitió aniquilar) a su portador o presentador, tal como había sucedido con el faraón Akhenaton (en este caso se hizo desaparecer todo vestigio de él, de su único dios Aton, de sus templos y hasta de la ciudad dedicada al Dios). Aniquilación que el pensamiento integrado asigna a las fuerzas preservadoras –en cada una de estas sociedades– de la transformación realizada, concretada por ellos mismos previamente (evocar las otras religiones monoteístas, es decir, aquellas que integraron el concepto de la Unidad).

Ahora bien: es en un pueblo politeísta, como la confederación de sociedades griegas, donde va a expresarse el concepto de *Unidad*, no desde el pensamiento religioso, sino desde el pensamiento físico (o si se quiere científico).

Vale decir, la Unidad considerada como el universo, el cosmos, el Todo, la Unidad de todas las unidades. Y al originarse más allá del pensamiento religioso, metafísico, escindido de alguna manera del mismo, y claramente físico, cuando se focalizan en la Unidad o Cosmos, deben asignarle cualidades físicas, y no metafísicas, por lo que le aplican conceptos como los de *finita, ilimitada, material,* y entonces –como todo lo indagado por ellos en la realidad–, *sometida a la temporalidad, en constante cambio o transmutación,* y fundamentalmente, entre otras cualidades (físicas) las de poseer un *origen,* y evolucionar hasta arribar a su *extinción.*

Por lo que la *Unidad,* para estos físicos, necesariamente había tenido un *origen.* Pero claro, un origen que sólo era una proyección especulativa de la certidumbre de que todo, en la naturaleza, en el mundo físico, había tenido, y tenía un origen, pero, en este caso, de la Unidad incomprobable. Y entonces, tal concepto especulativo que representaba una realidad indudable, pero incomprobable, fue asignado a la sabiduría, convirtiéndose en un concepto integrante de la trama conceptual de esa sabiduría de lo físico, pero un concepto que debía ser "controlado", "vigilado", por quienes "amaban" y conocían esa sabiduría, y habían propuesto el objeto a amar: un concepto especulativo, no comprobable, el de la *Unidad* o *Cosmos.* Y entonces los físicos se tornaron físicos-filósofos.

Evoquemos cuánto tiempo se dio entre el quinto o cuarto siglo a. de C., y este siglo XXI, y así entre el concepto de Unidad y el de comprobación de la misma, de comprobación de este concepto, el que se concreta cuando se comprueba la existencia asociativa del acontecimiento de *origen* de esa Unidad, dado que eso supone confirmar –vía el pensamiento integrado– que lo que sucede en la totalidad del universo (todo lo que se origina, se extingue), le sucede al universo mismo, el que rige a todo lo que lo integra con su propia configuración-contenido, la que puede ser percibida mediante la indagación de cualquier trama asociativa que integra el mismo.

¿Se advierte la trascendencia de esta evolución?

Pero claro: durante estos últimos veinticuatro o veinticinco siglos se dio la evolución asociativa de la trama conceptual del Pensamiento, sin explicación de lo que hoy se ha tornado una realidad. Y esta evolución ha generado una creciente y grave des-integración del Pensamiento con respecto a la trama (configuración-contenido) del universo, que en los últimos tiempos ha alcanzado una gravedad inusitada, al punto de darse una intensa aproximación a la autoextinción asociativa de la Asociación (debido a la *Enfermedad Asociativa,* según el pensamiento integrado, la *Teoría*).

Veamos nuevamente lo que originó la creciente intensidad de esa enfermedad asociativa, lo que es necesario para comprender la teoría determinante hoy acerca del acontecimiento de origen del universo.

Acto y acontecimiento

Como veremos más adelante denominamos *acto* a lo que la teoría del *Big-Bang* define como una inconmensurable explosión; y lo distinguiremos del concepto de *acontecimiento,* que es utilizado por el pensamiento integrado para calificar a la *G.E.A* o *Gran Expansión Asociativa,* su teoría del origen del continuo asociativo de la materia.

II

LA EVOLUCIÓN HASTA EL ARRIBO A LA DES-INTEGRACIÓN

La *Teoría,* el pensamiento integrado, afirma que todo pensamiento (individual, colectivo, o de la Asociación) piensa a través de una trama de representaciones o conceptos –la *trama conceptual*–. ¿Todo pensamiento? Sí, el Pensamiento de la Asociación de todas las asociaciones humanas, individuales y colectivas, integrado por la totalidad de los pensamientos individuales y de los pensamientos colectivos. Porque una asociación colectiva, como una pareja, o dualidad de asociaciones individuales, piensa como tal, es decir como una trama asociativa colectiva integrada por los dos pensamientos individuales; o como una sociedad piensa tal como lo hace, aunque diversamente semejante, una asociación individual, u otra asociación colectiva. Y también piensa la Asociación, tiene un pensar que resulta de la integración en trama de la totalidad de los pensamientos colectivos e individuales de las tramas asociativas que la integran.

Asimismo, todo pensamiento es la acción asociativa o capacidad, o aptitud de asociarse de una trama asociativa humana (a la que, a veces, denominamos *asociación*).

Ahora bien: el Pensamiento (y los pensamientos que lo integran) al ir configurando la trama de los conceptos que incorpora y posee, los organiza, los ordena –configura la trama de los mismos– de acuerdo con lo que podríamos denominar *un modelo configuración conceptual.*

¿Y de dónde origina el Pensamiento ese modelo configuracional de trama conceptual?

De la indagación que ha alcanzado de la trama configuracional del mundo que lo rodea.

Por ejemplo, el pensamiento integrado considera que la trama inicial descubierta, en el origen de la Asociación de los humanos, puede definirse como de la *diversidad innumerable.*

¿Cómo es esta trama (configuración) que persistió durante muchos siglos?

Por ejemplo, la de los onas o la de los yámanas o yaganes de la Tierra del Fuego, y del Canal del Beagle (a la llegada de los ingleses y de los españoles). Estas sociedades originarias generaron una vasta trama conceptual de miles de conceptos codificados en palabras sin escritura, cada una de las cuales estaba constituida por una "cosa"real (cualidad o acontecimiento) conocida-indagada en la naturaleza, a la que estaban intensamente integrados, considerándose una "cosa" más en ella, por un lado, y, por otro lado, por lo no conocido de cada "cosa" –generalmente lo que la animaba– representado por una deidad, un espíritu, una divinidad, un "animador".

Sólo existía una innumerabilidad de conceptos y representaciones, no contenidos en escritura alguna, y sólo alojados en la *memoria asociativa* del pensamiento de la asociación colectiva (la "Asociación", para cada una de estas asociaciones de humanos) y transmitida oralmente de generación en generación. Una innumerabilidad que continuó incorporando nuevos conceptos o representaciones, y entonces nuevos espíritus animadores.

De ahí que llamemos, a esta configuración, la *diversidad innumerable.*

En nuestros estudios de esta configuración-contenido pensada (y creída) como la trama verdadera del mundo que rodeaba y en la que estaba integrada esa asociación colectiva originaria, descubrimos que la sociedad de los yámanas (canoeros recolectores y cazadores de focas) poseyó un vocabulario oral (y de transmisión oral) de más de treinta mil vocablos, y que habían arribado, antes de extinguirse (ser extinguidos), al conocimiento de la siguiente trama modélica configuracional en la evolución de estas tramas en el Pensamiento; habían comprendido que cada "cosa" era una unidad, y que a la trama de la diversidad innumerable de unidades le continuaba la trama en que cada una de esas unidades innumerables estaba constituida, integrada, a su vez, por unidades que eran la diversidad de cada una de las unidades de la diversidad innumerable.

Ya nos hemos referido a esto, y lo hemos ejemplificado en otras obras nuestras, en cuanto a los yámanas, y a cómo, en relación con el concepto *canoa,* una unidad de la diversidad innumerable, establecieron numerosos y diversos vocablos-frases-conceptos que representaban, cada término, *"canoa en la costa", "canoa abandonada", "canoa en llamas",* y así sucesivamente, es decir, unidades de la diversidad de la unidad concepto *canoa.*

En los estadios posteriores de la evolución de estas tramas modélicas configuracionales de la realidad pensadas cada una por el Pensamiento (en general por un "Pensamiento", concepto integrado ya descripto) como "la" trama configuracional del mundo, de la naturaleza, vamos a focalizarnos ahora en los siglos V y IV a. de C., en la Grecia antigua, y en el arribo allí, entonces, a otro modelo configuracional, al que vamos a descubrir como el previo al que va a imperar desde aquellos siglos hasta el presente, en este siglo XXI.

¿Cuál fue este penúltimo modelo?

Aquel que rigió determinadamente al "Pensamiento" (en este caso originalmente occidental) desde un tiempo casi imposible de definir (aunque simbólicamente podríamos situarlo en el pensamiento de Tales de Mileto), hasta Platón y la enunciación de su concepto de *khorismós*, o la escisión, la separación.

Ese modelo es enunciado en Grecia por los físicos, luego físicos-filósofos, desde Tales a Parménides (éste como nexo conceptual con respecto al pensamiento platónico, porque en sus dos largos poemas nos presenta una estrecha proximidad a Sócrates-Platón, y a la escisión propuesta por este último en lo que denominamos la dualidad esencial, así como en la asignación al concepto de *Unidad* del concepto de *Dios*). (Ver la traducción de los poemas del griego antiguo por Felder en su obra *"El origen de la Filosofía"*, en *Proyecto Larsen,* 2011).

La que llamamos *dualidad esencial* consistió en una síntesis conceptual de aquella dualidad que había integrado a la trama conceptual del Pensamiento desde el origen de la Asociación: "la cosa"· y "lo que anima la cosa", o dicho de otra manera, por una "cosa" perteneciente e indagada del mundo real –en el que se era (los humanos) una parte integrante del mismo– como otra "cosa animada", y por un "ente animador" de esa "cosa", que, ancestralmente era representado por un espíritu, una deidad, una divinidad.

Los griegos aquellos consideraron que la "cosa" se denominaba *ente* y "lo que la animaba" era el *ser*. Es decir: el *ente-ser* o el *ser-ente,* ya que no existía entre ellos jerarquía alguna que los separara.

Y consideraron que esta distinción era meramente especulativa, puesto que los términos de esta dualidad esencial (en tanto representaba la trama esencial de todo) eran inseparables, indisociables, tan sólo distinguibles conceptualmente, y especulativamente.

La trama configuracional en la que el "Pensamiento" griego creyó, incluyó esta dualidad esencial, pero referida al concepto primordial de tal trama: la *Unidad* de todas las unidades, el cosmos, el universo. Una *Unidad* en la que estaban integrados la totalidad de las unidades existentes y componentes del mundo físico, de la Naturaleza. Y entonces, una Unidad integrada, conformada por un *ente-ser,* o, reconocible en ella, el *ente,* o lo que es animado, y el *ser,* o lo que anima al *ente.*

Es evidente que esta trama modélica configuracional del cosmos (digamos de los griegos anteriores a Platón) se corresponde con un "Pensamiento" (los griegos se creían la Humanidad, los "seres humanos" en su totalidad, por supuesto sin serlo) de gran intensidad *integradora,* en tanto se partía de la indagación del mundo físico, y se avanzaba evolutivamente en su conocimiento y comprobación.

Para el pensamiento integrado, la Filosofía se origina –deviniendo los físicos en físicos-filósofos– cuando las proyecciones acerca de lo físico se tornan especulativas o físicamente incomprobables, representaciones conceptuales de proyecciones y pensamientos especulativos, no emanados de la indagación del cosmos, de la trama del cosmos. Nos referimos al concepto de *Unidad,* y al concepto, en el otro extremo conceptual, y en el otro extremo de la complejización asociativa: el de la elementalidad, el de las *unidades elementales.* (Esfuerzos proyectivos claramente expuestos en la enunciación de los cuatro elementos que lo componían todo –tierra, aire, agua, fuego–, o en el concepto de *átomo,* de Demócrito y otros.

Pero entonces, sobre esta misma trama modélica configuracional (podríamos llamarla "la mirada indagadora sobre la realidad"), va a originarse la siguiente trama (la "última"), aquella que va a regir determinada-condicionadamente a la trama conceptual del Pensamiento de la Asociación hasta este presente (o *estos presentes*, según la *Teoría*).

Veamos su origen y su evolución.

El nivel asociativo de los cuatro elementos

Si bien ya nos hemos aproximado a la teoría de los cuatro elementos de los fisicos griegos (desechada por primitiva, arcaica, etc.) podríamos hacer una comparación entre esta teoría y la teoría de la relatividad de Einstein.

¿Cómo?

Conceptualmente, las dos teorías se corresponden con los que el pensamiento denomina *niveles asociativos*, o *tramas asociativas de asociaciones diversamente semejantes*.

El pensamiento de Einstein se fundamenta en el arribo y el conocimiento de los niveles asociativos de los átomos y de las moléculas. Aquel pensamiento griego se fundamentó en el nivel asociativo de las cuatro tramas que lo integran, compuestas todas por tramas de moléculas (y éstas a su vez de átomos), como el aire, el agua, la tierra y el fuego, cada una de ellas evidentemente perteneciente a un mismo nivel asociativo, al que se arriba en una indagación más amplia, que no incluye aún los niveles asociativos que conforman dichas tramas-elementos.

Algo semejante, al fin y al cabo, puede ejemplificarse con Einstein y su pensamiento, que no contó con los descubrimientos indagatorios más allá de los componentes atómicos, como los que la *Teoría* señala como existentes entre el nivel asociativo de éstos (por ejemplo el nivel asociativo de los protones, de los neutrones, de los electrones) y el nivel de las asociaciones elementales.

Es muy significativa aquella teoría de los cuatro elementos en tanto sostienen una relación asociativa integrada entre los mismos, dado que la tierra hasta la intensidad de roca se torna fuego líquido en el interior de los volcanes, el que está integrado a su vez por gases que se integran al aire, a la atmósfera y forman parte de ella, la que se transforma en agua e hielo en lluvia, y así sucesivamente, por lo que en realidad estaban refiriéndose a un elemento o componente único y a las diversas manifestaciones del mismo. Tal como en el nivel asociativo de los átomos o en el de las moléculas, éstos se diversifican. evidentemente, generando la diversidad de un mismo nivel asociativo (por ejemplo, la integración de dos átomos de hidrógeno y un átomo de oxígeno conformando una molécula de agua).

III
ORIGEN Y EVOLUCIÓN DE LA RECCIÓN DES-INTEGRADORA

La trama sobre la que debemos indagar es un punto de encuentro o una encrucijada, porque en ella confluyen dos pensamientos (o sistemas o tramas de pensamientos) que tuvieron un mismo o semejante origen.

Podríamos denominar a este punto de encuentro como el de la *Unidad*, el de dos tramas conceptuales referentes al concepto de la *Unidad*, del Todo, del Cosmos. Por lo que deberíamos a su vez denominarlos *Unidad antigua* o *religiosa*, y *Unidad moderna* o *laica*, o *no religiosa*, o, aún, *física*.

El primer concepto de *Unidad* se origina en lo que especulativamente llamamos pensamiento religioso o metafísico (no porque no pertenezca al orden de lo físico, siendo un pensamiento originado en las asociaciones humanas, sino porque se refiere a lo que está más allá de lo físico, o no se lo puede descubrir, indagar y otorgarle pertenencia o integración con lo físico). Y nos hemos aproximado largamente a este pensamiento (diversidad del Pensamiento) y a su concepto de *Unidad*, que señalamos con la calificación asociativa de *Unidad-Dios*. El fin de la determinación del politeísmo, en un "eje" evolutivo Atón, en Egipto; Yahvé en los judíos; Jehová y luego Jesús, el Cristo, en los cristianos, y así sucesivamente.

El segundo concepto de *Unidad* se origina, para nosotros, determinada y significativamente en los físicos-filósofos integrados griegos, desde Tales hasta Parménides, filósofo ya exclusivamente este último, y fundamento de la trama con origen en Platón (o en Sócrates-Platón).

Este segundo concepto de *Unidad* va a evolucionar en un acontecimiento cuyo transcurso evolutivo nos interesa significativamente pues va a darse en dos estadios sucesivos, lo que evidencia diversidad por transformación. El primer estadio va a transcurrir en la trama de pensamientos de Tales de Mileto a Parménides, cuando se concreta el origen de la Filosofía, aún integrada a la Física; el segundo estadio se va a originar en Parménides-Platón, y va a perdurar hasta el presente, escindiéndose la Física de las filosofías.

Una frontera de dos poemas.

Ver traducción del griego antiguo de los poemas-odas de Parménides en *"El origen de la Filosofía"*, de Felder (Proyecto Larsen, 2011)

Ambos estadios implican, en realidad, y simplificándolos, el pasaje de lo físico a lo metafísico, en tanto en el primero la Unidad es el Cosmos, y en el segundo la Unidad es Dios.

¿Cómo es esto?

En el primer estadio, el que transcurre entre Tales y Parménides, son los físicos griegos los que arriban al concepto de la *Unidad*, desde el pensamiento indagador. Para ellos, la Unidad es el Cosmos –evóquese que su relación con lo metafísico se daba con las divinidades, con una trama de divinidades bajo el liderazgo de un dios supremo (Zeus), en una configuración-contenido semejante, por ejemplo, a la de la trama de las divinidades egipcias (bajo liderazgo del dios Amón)–, y ese Cosmos era conceptualizado desde la dualidad especulativa del *ente-ser* o *ser-ente*, vale decir, el *ente* como el objeto material, y el *ser* como aquello que animaba a ese objeto material, que se evidenciaba en la dinamicidad constante del mismo.

Como ya hemos adelantado, el concepto de *Unidad* para el que hemos denominado *pensamiento religioso*, se había ya manifestado en Egipto (Atón), y luego en el pueblo judío (Yahvé), y nosotros lo enunciamos como *Unidad-Dios*.

Por lo que coexistían en el estadio de los físicos griegos ya mencionados, aunque no en Grecia sino en el Oriente (y en este caso no había perdurado en Egipto, después de la muerte del faraón Akhenaton). Pero algunos de los físicos griegos –como Pitágoras– habían viajado a Egipto, y hasta residido allí. Y sabían.

Lo fundamental de este estadio entre los físicos griegos es que éstos, al aceptar y crear el concepto de *Unidad-*

Cosmos, se encontraron al menos con dos cuestiones trascendentes a resolver: ¿debería definirse al Cosmos como *ilimitado,* tal como se calificaba a un océano al no divisarse la otra orilla? Es decir: lo no comprobado pero comprobable.

¿Podría el Cosmos ser *comprobado* por el pensamiento?

La segunda cuestión residía en que, si el Cosmos era la Unidad que incluía a la totalidad de las unidades que lo conformaban, las que constituían la Naturaleza, el ámbito de lo físico, habría entonces, en el "otro extremo", unidades elementales que, como "ladrillos" lo constituían todo (los "átomos" de Demócrito, y otros físicos), o, en todo caso "elementos" –como el aire, el fuego, la tierra y el agua– que, combinándose entre sí (cada uno como una unidad de su diversidad, como el agua que abarcaba a todas las aguas, es decir, a todo lo líquido, como el fuego líquido de los volcanes) lo conformaban *todo.*

Pero, estas preguntas sin respuestas, o con respuestas incomprobables, vale decir, especulativas, meramente conceptuales (conceptos de conceptos, creados por el Pensamiento por proyecciones imaginativas) originaron una sabiduría "no física" (no científica) que generó, a su vez, quienes la incorporaron ("amorosamente"), como un pensamiento diverso al indagador, que operaba en el ámbito de los conceptos o representaciones: la Filosofía, en ese estadio la Física-Filosofía.

Acerca de la notación

Evóquese que la *Teoría* y el pensamiento integrado notan a la Filosofía Integrada, o con gran intensidad de integración, como *Filosofía,* con mayúscula, notando a las *filosofías* intensamente regidas por la des-integración metafísica-dialéctica con minúscula. Su plural radica en que más allá de ser muchas, son fragmentos.

Asimismo, en cuanto a la notación de la dualidad esencial, y dado que en el pensamiento integrado es una unicidad conceptual cuyos términos son meramente especulativos, es decir, inseparables, indisociables, la *Teoría* suele enunciarla como *ente-ser* o *ser-ente,* mientras que al establecerse la escisión entre ambos términos dando lugar al ordenamiento jerárquico entre los dos, se nota la dualidad con el término de mayor jerarquía primero y el de menor jerarquía como el segundo. Así, cuando el *ser* transmutó a *Ser*, es decir a *Ser-Dios*, la dualidad es notada como *Ser-ente*.

Asimismo, a partir de Heidegger, la notación transmutó a *Ente-es*, como ya lo hemos adelantado.

Y esto perduró hasta que comenzó a cobrar cada vez mayor intensidad el concepto de *Unidad-Dios*, propio del pensamiento religioso-metafísico. Y esta "bisagra", a nuestro juicio, se expresó en los dos poemas de Parménides, hasta que se concretó clara y rotundamente en Platón, cuando señaló la existencia de una escisión o separación en la dualidad esencial, generada por el pensamiento físico y luego físico-filosófico del *ente-ser* o del *ser-ente*, aplicado a todas las unidades de la Unidad, y luego a esta misma (o viceversa).

Al plantear Platón la existencia de un "tercer término conceptual" en la dualidad esencial, al que denominó *khorismós* (escisión, separación, y hasta abismo) constituyendo aquella como *ente-khorismós-ser* o *ser-escisión-ente*, esto permitió establecer una jerarquía entre el *ente* y el *ser*, un orden jerárquico que permitió o posibilitó transmutar el *ser* a *Ser* (lo que anima es lo más difícil de descubrir, o alcanza a ser lo no descubrible, y entonces asignable a la divinidad). Es entonces cuando se originan dos acontecimientos: el primero, al ya no constituir *ente* y *ser* una unicidad conceptual, y al ser el uno superior al otro jerárquicamente, permitió o posibilitó, o estableció, o propuso, la oposición entre ambos, lo cual originó la dialéctica, en tanto ésta estaba fundamentada en la relación entre opuestos –oposición, pugna, agonía– lo que se consideraba generador de la dinamicidad existente en la totalidad del Cosmos.

El segundo acontecimiento reside en que se establece que el *ser* del *ente-ser*, elevado jerárquicamente a *Ser*, era Dios. Por lo que se unifican los dos conceptos de *Unidad* como *Dios (Ser)*-mundo (*ente*). Y en esta "unidad en la dualidad", la dialéctica va a regir el término del *ente*, y la metafísica el término del *Ser*. Una metafísica integrada por una trama conceptual de conceptos de conceptos, sostenidos como cualidades de la divinidad: *infinitud, atemporalidad, igualdad, inmutabilidad, absolutez, inmaterialidad, eternidad*, etc., los cuales impusieron –al configurarse en pares con sus opuestos– una configuración-contenido *modélica* a la totalidad de la trama conceptual del Pensamiento, es decir, a la totalidad de los conceptos o representaciones emanadas de la indagación del Cosmos por el pensamiento indagador.

Deidades-cualidades

Resulta significativo considerar como antecedente de lo que acabamos de enunciar la transmutación que originó al dios egipcio Atón, integrando en sí a la totalidad de los dioses en este Dios único, como cualidades del mismo. Por ejemplo, el dios Anubis, una deidad funeraria, va a ser representado en semejante función en una cualidad encarnada en Atón.

Un acontecimiento semejante acaece con el origen del dios del pueblo de los judíos, Yahvé, en el seno de la misma sociedad egipcia. Lo que a su vez es tomado por el pensamiento griego que integra las cualidades de las divinidades, como cualidades o características de la Unidad, o cosmos, concretándolo a través de la oposición dialéctica de creación de términos conceptuales contrarios, opuestos, a las cualidades de la Unidad-cosmos, tales como *infinitud, igualdad, absoluto, inmaterialidad,* etc.

Así, por ejemplo, la dualidad de oposición bajo rección metafísica-dialéctica [*luz – oscuridad*], es, para el pensamiento integrado una unicidad conceptual: [*luz*], en cuya diversidad de unidades, las que la integran, está el término conceptual de *oscuridad* (como poca intensa luz), en trama con los términos de diversa intensidad del concepto luz: *penumbra, resplandor, sombra, tinieblas,* etc. (En el lenguaje –a nivel asociativo de la Asociación, es decir de la Lengua de la misma, unidad de la diversidad de todas las lenguas, unidades a su vez de una diversidad de unidades, se arriba a cada unidad –un concepto o representación– con su correspondiente diversidad de unidades, como el caso que hemos ejemplificado).

Esta rección va a perdurar desde Platón hasta el presente, y va a concretarla durante los más de dos milenios en intensidad permanente de determinación-condicionamiento para el pensamiento indagador o científico y para el pensamiento filosófico, y de condicionamiento para el pensamiento religioso-filosófico. Aunque esta asignación ha perdurado en una evolución asociativa que siempre se rigió por la dualidad conceptual *determinación-condicionamiento,* de tal manera que podemos señalar, por ejemplo, la "contaminación" metafísica del condicionamiento (o cualidad o condición *destinacional* o natural para el pensamiento humano) al pensamiento científico –generalmente regido en determinación– al operar éste indagatoriamente sobre la trama del continuo, vale decir, sobre lo físico, con la rección conceptual metafísica-dialéctica, y con conceptos claramente metafísicos, como la *absolutez,* la *igualdad,* la *inmaterialidad,* la *inmutabilidad,* la *atemporalidad,* la *infinitud,* etc., (todos conceptos plenamente vigentes en la trama conceptual del pensamiento de Einstein, por ejemplo, y fundamentadores de gran parte de sus teorías físicas, o acerca de lo físico).

Señalamos, entonces, el sometimiento del pensamiento de Einstein a esta rección bimilenaria metafísica-dialéctica en la operación con varias dualidades de oposición: [*absoluto – relativo*]; [*igualdad – desigualdad*]; [*materialidad – inmaterialidad*], [*infinitud – finitud*], y así sucesivamente.

Nos preguntamos una y otra vez: ¿podemos fiarnos determinadamente de sistemas, teorías, pensamientos, tramas, en el ámbito del pensamiento indagador de lo físico que utilizan en su operatoria indagatoria conceptos metafísicos? Pero que además se cree sin duda que son físicos, como es el caso de Einstein, que afirma que "esto" es relativo, pero que "esto" es absoluto". Y que confunde lo que para nosotros también es verdadero, como la afirmación de que en la totalidad del espacio del universo –"libre" de concentraciones de materia más compleja asociativamente que las de la elementalidad– la velocidad de la luz es siempre la misma, lo que no significa que sea *absoluta,* en cuanto a ser la única velocidad máxima del universo, como lo evidencian recientes descubrimientos que refieren que es posible que se hayan dado mayores velocidades que la de la luz en la GEA (*Gran Expansión Asociativa*), durante la expansión inicial, en el origen del universo.

Para el pensamiento integrado, la denominada velocidad de la luz es la velocidad de la traslación de la materia elemental a través del espacio del universo conformado por la trama de asociaciones elementales. Es la velocidad que imprime a la materia elemental en traslación por ese espacio ("libre", sí, pero de concentraciones de materia más complejas que la de la elementalidad, concentraciones que deben definirse como emisoras-receptoras de la materia elemental en traslación) su componente esencial de la energía asociativa elemental.

Interrogantes

Tenemos la sensación con respecto a las teorías de Einstein (una parte de ellas) que le sucederá o le está sucediendo algo semejante a lo que acaece con el llamado "arte contemporáneo" que adquieren los museos del mundo. ¿Cómo se justificará la intensa trascendencia y valor otorgada en los dos casos?

¿Cómo una característica curiosa de una época histórica para ese "arte contemporáneo" (lo que representa a esa época, que si es evaluada como una especie de Edad Media, será reivindicada intelectualmente como un tiempo en que todo transcurrió subterráneamente, como un río bla, bla, bla; o en un estadio superado de la evolución del pensamiento científico, para las teorías einsteinianas?

Y finalmente: ¿por qué, por ejemplo, nadie refiere la dualidad conceptual [*igualdad – desigualdad*] a lo que fundamenta a ese "arte contemporáneo", ya que la configuración impuesta por los modelos configuracionales de las sociedades igualitarias (determinantes en esta actualidad en la trama conceptual del Pensamiento y los pensamientos, y en la trama total de las sociedades que integran la Asociación), como las del capitalismo democrático, el socialismo-comunismo y el fascismo-nacional socialismo, bajo la magistral expresión teórica de Marx y de Heidegger, y la experiencia histórica, desde fines del siglo XVIII, del capitalismo democrático (revoluciones norteamericana y francesa), exponen la rección que pulsionó a ese "arte" a ser lo que ha sido y es: una exaltación de un arte igualitario (todos son artistas y crean arte porque son iguales entre sí), aunque bajo la dirección del comando operativo de los curadores y galeristas, y compradores de museos?

Realmente una exaltación, este "arte contemporáneo", del concepto esencial igualitario *("todos obreros-soldados (-artistas) con vocación de poder")* con su comando de dirección, conducción y vigilancia, propio del socialismo-comunismo (el Partido) y del fascismo-nacional socialismo (los "nuevos dioses guerreros" de Hölderlin: el Partido nazi), integrado (ya extinguidas las sociedades emanadas de ambos modelos) al capitalismo democrático, quien otorga la esencialidad de su propuesta al pulsionar para que sus integrantes acumulen capital, después de haber logrado su capital inicial y básico de la subsistencia y necesidades básicas, sin subsidios del Estado, que se pretende *estado*.

Interesante.

IV
LA MISIÓN

Ahora bien: si nos focalizamos ahora en el origen del universo deberemos "contar" con esta rección conceptual metafísica-dialéctica que, a pesar de los esfuerzos e intentos del pensamiento indagador-científico por separarse de lo sostenido como condicionamiento (y hasta destinacional) por el pensamiento religioso-metafísico, utiliza la conceptualidad metafísica para operar indagatoriamente en lo físico, y lo que es más grave aún (intensamente más grave): cree en lo que le propone el pensamiento filosófico (en su unidad con el pensamiento religioso, metafísico) hace más de veinte siglos como una verdad absoluta, inmutable, esencial de la naturaleza y de lo físico, y que podemos sintetizar en el enunciado:

Todo el universo está en dinamicidad constante
y ésta se origina única y permanentemente
en la relación entre opuestos.

Y esta aseveración es de una gravedad inaudita, y está conduciendo al Pensamiento de la Asociación, y a ésta, en consecuencia, a su autoextinción asociativa.

¿Gravedad?

Así es: fundamentalmente porque la trama del continuo se "rige" por lo contrario a la rección que se originó simbólicamente en Platón (tal vez este filósofo haya sido la lucidez con respecto a la evolución asociativa de aquel "Pensamiento"): la dinamicidad, que es constante en la totalidad del continuo y que la *Teoría* y el pensamiento integrado fundamentan conceptualmente en la que consideran cualidad esencial del continuo asociativo de la materia: la transmutación asociativa o la asociación transmutativa, se genera en la relación de asociación.

En consecuencia, si el anterior es el enunciado de la conceptualidad metafísica-dialéctica (des-integrada), el enunciado de la conceptualidad integrada es:

La totalidad del universo o continuo asociativo de la materia
está en transmutación asociativa constante, vale decir,
en dinamicidad asociativa total y permanente, y ésta se origina
(origen-extinción) continuamente debido a su pulsión, a su capacidad,
a su necesidad, a su aptitud,
a la configuración-contenido en que se originó la materia elemental,
de asociarse, vale decir, en una relación asociativa o de asociación.

La *Teoría* se ha dispuesto, desde su origen, y sigue empeñada en esta voluntad, en demostrar, poner en evidencia, que la evolución asociativa de la rección des-integradora está conformada por una conceptualidad que ha regido y rige *determinadamente* al Pensamiento (y no condicionada, destinacionalmente), por lo que es modificable, transformable, puede ser llevada a una rección no determinante. Lo que posibilita su transmutación, y entonces la transmutación de la trama conceptual del Pensamiento, hoy bajo esa rección bimilenaria. Y esta es la misión fundamental de la *Filosofía-Física* o la *Filofísica*, originada en el pensamiento integrado.

El pequeño detalle

¿Por qué Derrida no pudo de-construir (en castellano *des-construir*) las dualidades de oposición, tal cual fue su objetivo, según él mismo señaló? Simplemente porque no pudo admitir, por ejemplo, que el concepto de *infinitud* fuese metafísico, en tanto imperaba en lo físico, según sostenía el pensamiento físico, científico, indagador. De tal modo que para él la dualidad *infinitud-finitud* era una dualidad física, emanada de la indagación del continuo. Entonces, ¿dónde estaba Dios, es decir, lo metafísico, en ésta (y las demás) dualidad? Heidegger propone otra solución: aniquila a Dios, al *Ser*, y lo reemplaza por un *ente en tota*l, es decir, un *Ente*, el que es animado, si lo fuera, por algo exógeno, de casi nulo valor jerárquico por un copulativo *es*.

V
LAS CONSECUENCIAS

¿Existe un *pensamiento indagador o científico* en y hasta la actualidad exento de la rección determinante-condicionante metafísica-dialéctica?

No.

¿Existe un *pensamiento filosófico* en, y hasta la actualidad, exento de la rección determinante condicionante metafísica-dialéctica?

No.

¡Es que no está exenta de tal determinación-condicionante la trama conceptual del Pensamiento de la Asociación! (Y entonces la totalidad de los pensamientos colectivos, y de los pensamientos individuales).

Hemos registrado la autoasignación del pensamiento filosófico francés del siglo XX, y en estos comienzos del XXI, de ser el denominado *Tercer Momento de la Filosofía*, siendo el primero el de la Grecia antigua, y el segundo el del pensamiento alemán, al menos desde Hegel a Heidegger. Reconocemos en el pensamiento francés del siglo XX los "esfuerzos" –nos resulta lo más trascendente– que podríamos enunciar como "anti-metafísicos" (la de-construcción conceptual derridiana para aniquilar los términos más jerarquizados de las dualidades de oposición, es decir, los términos metafísicos, siguiendo el derrotero de Heidegger de "*apelar al ente en total*", transmutándolo a la jerarquía del *Ser* metafísico, vale decir, transformándolo en *Ente*, y transmutando el *Ser* (Dios) no a *ser*, al antiguo *ser* del *ente-ser*, sino a un copulativo *es*, convirtiendo la dualidad esencial de oposición en *Ente-es* –salvo el *es* poético de Goethe–.

Pero esta actitud "combativa" de los alemanes y de los franceses ha resultado inocua, meramente corporativa, propia de la Academia, y de las estanterías de las bibliotecas corporativas, al no descubrir –por considerarla destinacional al pensamiento humano– que las dualidades conceptuales de oposición *metafísicas* eran asimismo *dialécticas* (siendo lo *metafísico-dialéctico* una unicidad conceptual tal como aquella visión de Marx acerca de lo *económico-político* o lo *político-económico*) los que eran, constituían, conformaban, una *rección* sobre la trama conceptual del Pensamiento de la Asociación –para ellos el *pensamiento humano*–, habiendo establecido lo que podríamos enunciar como una determinación-condicionante que impedía, negaba, aniquilaba cualquier intento de tornar mutable o transmutable lo inmutable; en sometido a origen-extinción lo imperecedero y eterno; y así sucesivamente.

Un pensador prácticamemnte pastor luterano o educado en el luteranismo (Hegel), ¿cómo podía erigir una catedral asentado sobre los fundamentos de tal rección?

En nuestra obra "*La continuidad metafísica-dialéctica en el pensamiento francés de los siglos XX y XXI*", recorrimos los pensamientos de Badiou, Blanchot, Deleuze, Canguilhem, Cavaillès, Merleau-Ponty, Althusser, Foucault y Bachelard (ya habíamos abordado a Derrida, entre otros, en obras anteriores), y sólo encontramos en ellos la rección conceptual determinante-condicionante de la metaficidad-dialéctica (a veces semioculto lo metafísico, a veces semioculto lo dialéctico).

Ahora bien: para nosotros, para la *Teoría*, para el pensamiento integrado, en una necesaria simplificación o síntesis, han existido y existen dos tramas conceptuales en el Pensamiento, con los que éste piensa: una que se aproxima a la verdadera trama configuracional del continuo (la integrada); y la otra aquella que desde su origen, propuesto como des-integración (alejamiento, pérdida de integración progresiva, generación de "otro continuo", es decir, de otra configuración-contenido del mismo) de la trama configuracional del continuo, ha evolucionado en una creciente intensidad de la des-integración, vale decir, de creación de una trama configuracional pensada y creída como si fuese la verdadera configuración-contenido del continuo, y ya en tal intensidad de separación, de pérdida de integración con respecto a la misma, que puede hablarse de "otra" trama, en la que detenta mayor jerarquía lo creado que lo descubierto por indagación.

Es a través de esta trama des-integrada en diversos grados evolutivos de intensidad que fue tramándose la totalidad del pensamiento científico-indagador, contaminándose toda indagación, todo descubrimiento del Pensamiento con respecto al continuo, a lo físico.

¿Qué hacer?

La totalidad del pensamiento científico (sistemas, teorías, leyes, etc.) debe ser revisado, vuelto a reflexionar y a comprobarse, pero esta vez no comprobar si se ajusta a la realidad del universo, sino previamente identificar cuál de los conceptos con que opera son de índole metafísica-dialéctica, tarea en la que debe especializarse la Filosofía integrante de la Filosofía Física o Filofísica, pues ésta es su misión: vigilar las recciones conceptuales sobre la trama conceptual del Pensamiento, en este caso del pensamiento científico (pensar de la Física, indisociable del pensar de la Filosofía, aunque distinguible especulativamente) –curación y prevención–, tal como la Filosofía debe reflexionar asimismo sobre las recciones conceptuales que afectan a *la totalidad* de la trama conceptual del Pensamiento, en ambos casos especialmente al evolucionar hacia la determinación la rección conceptual des-integrada, dejando el condicionamiento destinacional.

Interrogantes metafísicos

Nos han preguntado, o nos han conminado a que demos ejemplos de esta "contaminación" metafísica-dialéctica del pensamiento indagador o científico. Y nosotros siempre hemos respondido comenzando por el concepto metafísico-dialéctico de la *igualdad*.

El número cuatro no es "igual" al número cuatro, o a la suma de dos más dos. Cada número cuatro es, constituye, una individualidad asociativa, es único en la totalidad de la trama del continuo, por lo que no puede ser "igual" a otro número cuatro. Ambos sólo pueden ser *semejantes diversamente* o *diversamente semejantes* entre sí.

La suma de un dos más otro dos (dos *dos* diversos) no puede ser "igual" a cuatro, sino a un cuatro diverso-semejante a todo otro cuatro. La trama asociativa compuesta, integrada por dos asociaciones o individualidades asociativas codificadas cada una como un *dos*, es diversamente semejante a una unidad asociativa codificada como *cuatro*.

O, asimismo, una trama asociativa integrada por dos tramas asociativas diversas semejantes átomos de hidrógeno, asociadas en una trama asociativa a una trama asociativa átomo de oxígeno constituyen una trama asociativa molécula de agua.

La *Teoría* ha afirmado que el concepto de *punto* es, en el pensamiento indagador regido metafísica-dialécticamente, un concepto, la representación de algo *"inmaterial"* ("por un punto pasan infinitas rectas" –siendo *"infinitas"* otro concepto metafísico-dialéctico–), y que para el pensamiento integrado, *todo punto en el espacio del universo es físico, y material*, porque está constituido por una asociación elemental. Entonces, por un punto-asociación elemental situado en el espacio del continuo –conformando ese espacio del continuo con su espacio-energía asociativa (aunque no pueden disociarse masa –partículas indivisibles– por dos, y energía asociativa)–, pasan innumerables haces o flujos de materia elemental trasladándose por el espacio del continuo desde una fuente de emisión a una fuente de recepción.

Haces o flujos sometidos, en su traslación, a los llamados campos gravitacionales o espacios asociativos propios de cada concentración de materia en determinado grado de intensidad de complejización asociativa.

Continuando con el párrafo anterior al de la *Nota* previa, debe reconocerse, en este sentido, que, desgraciadamente, la evolución asociativa de la des-integración de la verdadera trama del continuo por el Pensamiento, y en especial por el pensamiento científico o indagador, cuyo objetivo específicamente es *lo físico*, detenta la (¿única?) ventaja del "Viaje" por la alteración, por la patología asociativa, y el reconocimiento de sus terribles consecuencias, en tanto han sostenido y justificado, durante dos milenios, que toda contienda, pugna, guerra, masacre, aniquilación, es, al fin y al cabo una señal rotunda de la más intensa dinamicidad, y entonces acatamiento e integración a la Naturaleza, destinacionalmente condicionada a tales causas de su dinamicidad. Lo que el nuevo Pensamiento verá como un horrible periodo de una "infancia" atroz, una característica de la Primera Habitación Asociativa de la Asociación de los Humanos: la *Habitación Asociativa de la Indagación y de la Des-integración*. A la que continuará, después del acontecimiento de transmutación (apocalipsis) la *Habitación Asociativa de la Integración*, o *de la Indagación Integrada*.

Claro que ha habido, desde el origen de esta rección determinante condicionante, momentos en que se ha evidenciado una "supervivencia", una existencia paralela, –aunque prácticamente jamás en intensidad de determinación, de un pensamiento más integrado (como seguramente se advertirá en la evolución del arte) de una directa proximidad a la trama configuracional del universo–; en ciertos momentos, como en la propuesta integradora de Jesús, el Cristo, a su pueblo; como el Renacimiento, y así sucesivamente.

VI
REFUTACIÓN DE LA TEORÍA DEL "BIG-BANG"

¿Una gran, gigantesca, inconmensurable, inimaginable *explosión* originó este universo? ¿Es posible imaginarse mayor disparate que esta proposición, que esta teoría?

¿Una explosión de qué? ¿De un universo anterior? ¿De un núcleo de materia de un tamaño inconcebible (toda la materia sumada de todos los astros o cuerpos celestes existentes hoy en el universo)? ¿De materia? ¿Qué materia? ¿Cómo se originó esto? ¿Cómo explotó? ¿Por qué implosionó? Ante esto es hasta razonable la propuesta de las religiones de un Dios Creador haciéndolo todo en seis o siete días.

Pero antes de continuar: ¿qué es una *explosión*? (cualquier explosión).

La Real Academia de la Lengua Española dice: "*Liberación brusca de una gran cantidad de energía, de origen térmico, químico o nuclear, encerrada en un volumen relativamente pequeño, la cual produce un incremento violento y rápido de la presión, como un desprendimiento de calor, luz y gases. Va acompañada de estruendo y rotura violenta del recipiente que la contiene.*"

Esta definición de explosión sostiene que todo sucede en un recipiente relativamente pequeño que posee un volumen relativamente pequeño. Si aplicáramos esto al *Big-Bang*: ¿un recipiente? (más allá de su tamaño relativo). ¿Hubo un recipiente en el origen del universo, relativamente pequeño (en relación a toda la materia que después de la explosión se "desparramó por el universo, constituyéndolo con sus fragmentos)? (¿Era de plástico, de metal, de madera el recipiente...?

Insistimos: ¿no hay materia en lo que contiene el recipiente sino sólo energía "*de origen térmico, químico o nuclear*"? ¿Y cuando explota el recipiente con las energías, sólo arroja expansivamente energías, claro que con gran violencia por haberse producido "*un incremento violento y rápido de la presión*"?

No continuaremos.

Para el pensamiento bajo rección determinante-condicionante metafísica-dialéctica, que sostiene que toda la dinamicidad existente en la trama del universo se origina en una oposición, en una relación de contrarios, en una polaridad de dos términos escindidos, separados, aunque unidos por la oposición y el enfrentamiento (la unión por la agonía), una explosión es la culminación, la máxima expresión, el paroxismo de la dinamicidad. Es la naturaleza, el continuo en su expresión más rotunda, colosal, magnífica.

Por lo que, al acontecimiento más trascendente del universo, su nacimiento, ¿podría haber acaecido como un "¡pum!", o un "¡bang!", o el sonido y el fogonazo de un viejo fusible al quemarse en un corto circuito?

¡No! Debió haber sido una explosión, la explosión más grande jamás concretada y concebida, una explosión, ¡vaya!, que rompió "todo", generando una innumerabilidad (esta rección habla de "infinitos") de "cascotes", algunos encendidos, otros apagados, además de polvaredas, gases propios de la deflagración, y todo lo demás, inclusive antimateria, absolutamente existente porque es lo opuesto de materia, y si hay materia, que la hay, también hay "antimateria", existe la "antimateria" (¿puede existir lo que no existe, si no es divino?)

¡Maravilloso!

El concepto del origen del universo como un *"Big-Bang"*, –consecuencia del Pensamiento y el pensamiento científico bajo rección determinante-condicionante de la conceptualidad metafísica-dialéctica bimilenaria– es decir como la expresión de la máxima intensidad de la dinamicidad de la materia –la *Gran Explosión*– se lo debe hacer evolucionar a la categoría o nivel asociativo de los *mitos*, o creencias sin existencia asociativa propia, al haberse extinguido ésta.

Ahora bien: esta teoría del *Big-Bang*, es decir, del origen del universo, es propia, peculiar del Pensamiento des-integrado. Y subsistirá mientras la conceptualidad de la des-integración –metafísica-dialéctica– rija determinada-condicionadamente al Pensamiento de la Asociación.

Para el pensamiento integrado, el concepto de *explosión* –cualquier explosión, toda explosión– es un concepto de concepto, referido a una cualidad –en cuanto a magnitud– de la divinidad, es un concepto especulativo creado por la conceptualidad metafísica-dialéctica.

Para el pensamiento integrado –para quien la dinamicidad total del continuo se origina en la asociación (que siempre es asociación-transmutativa, o transmutación-asociativa)– a la que se ha denominado, o se denomina *explosión* es una actividad intensa de asociación. En esos acontecimientos los núcleos de materia se extinguen y se originan, conformando nuevas tramas asociativas. Son acontecimientos de expansión asociativa de la materia que jamás deja de estar asociada y en transmutación. Sólo se extingue y se origina endógenamente. Y es a partir de esta conceptualización que la *Teoría* y el pensamiento integrado plantean, proponen cómo fue el origen del continuo o universo.

VII

LA G.E.A.

¿Una gran, gigantesca, inconmensurable, casi inimaginable *explosión* de materia originó este universo? Vale decir: ¿la totalidad de la materia que "hoy" constituye el universo conformaba una gran concentración de materia, que, de pronto, explotó, diseminándose por un "vacío" en fragmentos semiorganizados, algunos sueltos, otros formando galaxias al girar alrededor de un núcleo...?

¿Es posible imaginarse mayor imaginación fantástica que esta proposición, que esta teoría?

Refutar, oponerse, diferir, cuestionar, negar, en fin, discrepar, sin hacerlo mediante una proposición que se pretende o se sostiene superadora, no es propio de la *Teoría* y del pensamiento integrado.

Tampoco nos "oponemos" especulativamente, tal como si creáramos la *infinitud* de la *finitud*, emanada de la indagación del continuo.

Nuestra teoría integrada del universo (de la materia, del espacio y del tiempo) se fundamenta esencialmente en el concepto de la *asociación-transmutativa* –que representa la dinamicidad esencial (lo que *anima* a toda trama de materia)– de la totalidad del continuo asociativo de la materia, y rechazamos –aunque guardamos todo en el "cajón" de la *Metafísica Integrada*– la creación especulativa, bajo rección metafísica-dialéctica, de considerar a la oposición, al enfrentamiento, a la agonía, a la pugna, como causantes u originadores de la dinamicidad del universo, de tal modo que a una más intensa oposición, polarización, y hasta enfrentamiento aniquilador, más dinámico y más "integrado" al universo, y a "los Dios", que es quien lo concreta o ejecute.

Si todo esto fundamenta y justifica el mal (la des-integración), y aún la intensidad más extrema de éste, esto basta, por un lado, para explicar la conducta humana desde el origen de la Asociación, y especialmente (en cuanto a su intensidad) en el último bimilenio, y aún más señaladamente durante el siglo XX, y, por el otro, nos exige confirmar una y otra vez que esta des-integración (el *mal*, la *enfermedad asociativa)*, y la rección metafísica-dialéctica (o explicación de la dinamicidad generalizada por la oposición y enfrentamiento y choque entre opuestos) que la fundamenta, sostiene y pulsiona (aún la de la metafísica semi integrada de los orígenes, y hasta Platón) en la trama conceptual del Pensamiento *es determinante*, es decir, modificable, transmutable, y no condicionante o destinacional, y entonces *inmutable*.

La integración a la trama del continuo al que pertenecemos, y pertenece el Pensamiento y los pensamientos, no es el grado de la des-integración actual, travestida incluso de "integración".

Nota integrada

El concepto de *condicionamiento* no es opuesto al concepto de *determinación* para el pensamiento integrado. Sólo posee existencia asociativa el segundo –todo en el continuo se halla en un determinado grado de intensidad de su determinación–.

> El concepto de *determinación* es una unicidad conceptual, uno de cuyos grados de mayor intensidad ha sido codificado asociativamente como *condicionamiento* o determinación de la más extrema intensidad.

> El concepto autónomo de *condicionamiento* es un concepto de concepto, creado, no descubierto por indagación en la trama del continuo. Y entonces plenamente metafísico-dialéctico, y perteneciente a la trama conceptual de la *Metafísica-Integrada.*

El grado extremo de des-integración y entonces enfermedad asociativa, radica o reside en la intención de que la trama del continuo resulte *regida* por la rección especulativa metafísica-dialéctica creada por el Pensamiento, y se intente "dominar" (¿"domar", "domesticar"?) a la naturaleza –a *nuestra* naturaleza– de acuerdo con dicha rección.

Una clara decisión de autoextinción asociativa.

•

Para el pensamiento integrado, la *Teoría*, el cosmos, el universo o continuo, tuvo un *origen*, concretó un *acontecimiento de origen*; y ha de concretar un *acontecimiento de extinción*, una vez cumplido su *tiempo asociativo*, o lapso de la *evolución asociativa* del mismo desde su origen hasta su extinción. Preferimos el concepto de *acontecimiento* al de *acto* en tanto en el primero prima determinadamente el componente temporal y, para nosotros, el acontecimiento de origen (como el de extinción) es una trama asociativa-transmutativa que posee a su vez un origen, una evolución asociativa y una extinción, así como un tiempo asociativo propio, que va a integrar como componente el tiempo asociativo del universo o continuo en evolución asociativa desde aquel origen.

Ahora bien: ¿desde qué conceptualización, desde qué trama conceptual abordamos un acontecimiento como el del origen del universo (o de este universo), origen que parece estar probado científica o indagatoriamente en la actualidad, al constatarse el arribo de "restos", vestigios –recién ahora captados– del mismo (tal vez hasta del tiempo del origen de ese origen).

Vale decir: parece, entonces, que el universo ha tenido origen, un origen emanado de la indagación científica del mismo. Un hecho que "empujó" a lo metafísico (y a la proyección metafísica del principio) un paso más allá, al establecerse nuevas fronteras a lo no descubierto y entonces a lo divino. Es así que delimitamos a la vez nuestro propio horizonte de indagación. Y entonces el nuevo ámbito a describir para asociarse con él. Y entonces desde qué trama conceptual vamos a abordar el acontecimiento.

Como sabemos, dos son básicamente las tramas: la del pensamiento des-integrado (de rección determinante-condicionante metafísica-dialéctica), y la del pensamiento integrado, puesto en evidencia por la *Teoría*. Para el primero, toda la dinamicidad constitutiva del universo se genera por la oposición, enfrentamiento, pugna, diferencia jerárquica entre dos opuestos o contrarios (dualidades conceptuales de oposición), y así sucesivamente.

Para el segundo, la totalidad de la dinamicidad constitutiva del universo o continuo se debe a la cualidad esencial de la asociación-transmutativa, o transmutación-asociativa, la que conforma tramas asociativas, o tramas de asociaciones, desde la elementalidad hasta las tramas asociativamente más complejas.

Desde estas dos conceptualizaciones se aborda el acontecimiento de origen. Y entonces, desde la primera, y hoy regidora determinante-condicionante de la trama conceptual del Pensamiento, será una inconmensurable explosión de una concentración casi inimaginable de *materia* que arrojó en todas direcciones fragmentos, "escombros", conformando el universo tal como es en la actualidad; vale decir, el producto de un *"Big-Bang"*. (No olvidemos el subrayado de la palabra *materia*).

Desde la segunda, de un precontinuo que se proyecta como una concentración de partículas indivisibles de lo que hemos dado en llamar *masa* –carente de configuración-contenido, de espacio, de tiempo, de evolución, de existencia asociativa (de existencia como asociación), y entonces "ocupando" un "espacio" relativamente ínfimo– se origina lo que debe ser considerado el origen del acontecimiento del origen del universo: una asociación de dos de esas partículas indivisibles de masa entre sí, debido a una energía de asociación o energía asociativa, que provoca tal asociación y es generada por esa misma asociación.

Esta primera e inicial asociación elemental, que nosotros conceptualizamos como **2m.ea** (dos –**2**– partículas indivisibles de masa –**m**– en energía asociativa –**ea**–) debe ser descripta como dos partículas indivisibles de masa que al asociarse entre sí generan un ámbito o campo de su energía de asociación, un *espacio asociativo* que debe evaluarse como relativamente enorme en relación con las **2m**, el que se genera expansivamente. Es decir, las dos partículas de masa y un casi inconmensurable (relativamente) espacio o ámbito de la energía asociativa de esa asociación **2m.ea.** (La búsqueda de vivencia representativa nos conduce al enorme espacio asociativo de los átomos en relación con las tramas asociativas (no son partículas sino trama de asociaciones) que son los componentes de los mismos –los electrones, por ejemplo–; o la relación entre la concentración de materia que son los planetas y el espacio total del sistema solar).

La asociación elemental de la materia

Solicitamos que antes evoquen el término *materia* porque ella se origina al originarse la primera e inicial asociación de dos partículas indivisibles de masa en energía asociativa. Nuestra codificación de esta asociación como ***2m.ea,*** expresa la codificación de la primera asociación de la ***materia.*** Es la *unidad elemental de la materia,* conformada por masa asociada en energía asociativa.

El universo está constituido por asociaciones o unidades elementales de materia. Y es a partir de esta elementalidad que las unidades de materia comienzan a asociarse entre sí conformando tramas asociativas de materia de mayor (y creciente) complejidad asociativa.

La unidades elementales de materia son, en todo caso, las llamadas erróneamente *"partículas de Dios"*, puesto que en todo caso, sólo pueden ser "asociaciones elementales de Dios", o, más sencillamente, *"asociaciones de Dios"*.

Todas las partículas indivisibles de masa del precontinuo se integran en asociaciones elementales de materia, originándose de esta manera el universo.

Ahora bien: la evolución asociativa del acontecimiento de origen con origen en esta primera e inicial asociación elemental **2m.ea,** claramente individualizado por nosotros al conceptualizarlo, señala que dicho acontecimiento fue esencialmente *asociativo*. Y esta esencialidad del acontecimiento es el que va a regir también esencialmente a la evolución asociativa de la conformación de las asociaciones elementales originadas subsiguientemente a la inicial.

Es evidente que, hablando en términos de expansión de la energía asociativa de cada asociación elemental que se va originando, la secuencia de expansión global por generación de espacio asociativo fue, durante los "instantes" iniciales del continuo –las expansiones provocaron nuevas asociaciones elementales– de una generación tal de energía asociativa cuya imaginación permite visualizar especulativamente lo que fue el acontecimiento de origen del continuo.

Es por esto que el pensamiento integrado refuta la *teoría* del *"Big-Bang"*, y sostiene que de ninguna manera fue una "Gran Explosión" el origen del universo, sino al contrario de una "destrucción", fue y sigue siendo una *construcción*, desde la elementalidad de las asociaciones elementales, en una evolución asociativa de complejización asociativa –complejización asociativa evolutiva– hasta las más complejas tramas asociativas con existencia asociativa en la trama del continuo (de las indagadas hasta estos presentes por el Pensamiento, las asociaciones humanas son las que han alcanzado una mayor complejidad asociativa, por haber alcanzado una intensa capacidad de indagación-representación conceptual-asociación-memoria asociativa, es decir, una trama capaz de evolucionar en su aptitud asociativa prácticamente sin límites.

Compréndase lo que proponemos, lo que planteamos, la transmutación que debe encarar la trama conceptual de nuestro Pensamiento, el de la Asociación: *de la dinamicidad por oposición y enfrentamiento, a la dinamicidad por aptitud, por capacidad, por pulsión a asociarse y transmutar.*

¿Por qué estamos persuadidos de que el Pensamiento encarará esta transmutación?

Porque está ya claramente en el camino de la autoextinción asociativa (de continuar des-integrándose de la trama del continuo a la que integra y pertenece), por un lado, y por el otro, con sólo "avanzar" por el camino de la integración percibirá que su propio pensamiento comienza a "iluminarse", tal como sostuvieron como objetivo durante siglos las doctrinas de Oriente (el budismo, por ejemplo) –aunque fundamentada ésta en una acción espiritual que sólo refería a una "parte" del Pensamiento, desechando otras "partes", es decir, fragmentándolo, des-integrándolo a través de una propuesta integradora–.

¿Cómo explicar si no la concreción del Modelo de Filosofía de la *Teoría de la Integración*? Una propuesta que propone, auspicia, pulsiona un cambio, una transformación, una transmutación integradora, en realidad, del Pensamiento de la Asociación. Nada menos que del pensamiento humano en su totalidad determinante.

•

El origen del universo es el origen de la materia.

•

La *Teoría* sostiene que el origen del universo es una evolución asociativa de la materia total que conformó dicho universo, complejizándose asociativamente (es decir en niveles asociativos de creciente complejidad). Que lo que se origina en el origen, y lo conforma a éste es *materia*. Que ese origen, ese acontecimiento de origen, entonces, tiene su propio origen en la conformación-origen de la primera asociación elemental de materia, integrada por dos partículas indivisibles de lo que hemos dado en llamar *masa* (partículas no asociadas e indivisibles –no constituyen una trama asociativa– del pre-continuo, o pre-universo) las que se asocian o son asociadas por una inconmensurable energía relativa –en relación con las dos partículas, es decir, con la masa–, energía asociativa que se manifiesta en la generación de un espacio asociativo.

De esta manera, el origen de la primera asociación elemental consistió en sí en una expansión de energía asociativa proveniente de la asociación de las dos partículas indivisibles de masa, y creando el espacio propio de esa asociación. Tal expansión provocó el origen de las siguientes asociaciones elementales (asociaciones originándose en secuencia semejante, y, en consecuencia, de las expansiones propias de esas asociaciones, lo que comprometió, o fue comprometiendo, a la totalidad del "conjunto" de partículas indivisibles de masa del núcleo o concentración del precontinuo. Este *compromiso global de la masa* (la denominaremos así) en asociarse de a dos partículas creando espacio de sus energías asociativas (causadas por la asociación en sí) originó una evolución de carácter expansivo de la elementalidad asociada "ocupando", en realidad *originando espacio*, ocupándose por la trama de materia elemental (ya materia, en tanto **2m.ea**), que en su evolución expansiva va conformando el universo, en tanto trama de asociaciones elementales, o, si se quiere (especulativamente) una trama de espacios elementales. Por lo que el espacio del universo está constituido por una trama de espacios elementales pertenecientes integradamente a la trama de asociaciones elementales.

Entonces, lo esencial reside en el origen de la materia elemental, la que se caracteriza por una *asociación* de dos partículas indivisibles de masa (*ente*) integradas en una energía asociativa expresada en espacio asociativo (la *acción asociativa* de la asociación –según el pensamiento integrado–, o *ser* de la misma).

Sostenemos que el origen de toda la materia elemental en un acontecimiento de asociación (**2m.ea**) generando las dualidades esenciales de la [asociación (*ente*) – acción asociativa (*ser*)], es decir, lo asociado (**2m**) integrado a la aptitud, la capacidad, la pulsión a asociarse (**ea**), y entonces a transmutar, en una evolución asociativa, cuyo acontecimiento de origen se originó al originarse la primera asociación elemental, y concluyó al asociarse la totalidad de la masa, conformando materia elemental, y, en consecuencia, la totalidad del espacio del continuo.

Ahora bien: en todo este acontecimiento, la acción fundamental es *expansiva.*

El acontecimiento de origen del espacio asociativo del universo es esencialmente un acontecimiento de expansión, y generación, entonces, de espacio asociativo.

La *Teoría de la Integración* ha denominado al acontecimiento de origen del universo: la ***G.E.A.*** o ***Gran Expansión Asociativa***.

Y ya durante su evolución asociativa –la del acontecimiento de origen– y desde el origen de la asociación elemental inicial, la pulsión a asociarse-transmutar da comienzo a la complejización asociativa, tanto en origen de *tramas asociativas* (asociación a partir de dos o más asociaciones elementales), como, entonces, en la conformación de niveles asociativos de mayor complejidad asociativa que el nivel asociativo de la elementalidad.

Así comienzan a originarse los cuerpos celestes y las concentraciones o tramas de cuerpos celestes, como las galaxias, en toda su diversidad.

El pre-universo finito de masa

Tal vez como un mero vestigio especulativo de la proyección especulativa que nos condujo a la afirmación de cómo se ha originado el universo o continuo asociativo de la materia, no debemos dejar de lado el hecho de que si el universo es finito, porque en su acontecimiento de origen se conformaron la totalidad de las asociaciones elementales de materia, es decir, se originó la totalidad del continuo asociativo de la materia, entonces el pre-universo o pre-continuo tuvo un número finito de partículas indivisibles de masa. De no ser así, la generación-origen de asociaciones elementales de la materia seguiría concretándose, y el acontecimiento de origen del universo continuaría indefinidamente en un tiempo asociativo del origen sin acontecimiento de extinción.

Por lo que creemos que podría hablarse de un pre-universo o pre-continuo exclusivamente de masa, es decir, de partículas indivisibles de masa sin asociación entre ellas, y, en consecuencia sin existencia asociativa, sin tiempo asociativo, sin espacio asociativo, sin evolución asociativa, y así sucesivamente.

Un pre-universo, no de "anti-materia" (aberración, a nuestro juicio, creada especulativamente debido a la rección determinante-condicionante metafísica-dialéctica sobre la trama conceptual de nuestro Pensamiento), sino de *no materia,* o sencillamente un "universo" de masa, de partículas indivisibles de masa. Siendo entonces la masa lo que constituyó, sin conformación (configuración) (que es asociativa) ese "universo", o "pre-universo".

VIII
LA METAFÍSICA INTEGRADA

¿Dos Meta-físicas?

Es evidente que existen dos Metafísicas, las que conforman una única *Metafísica Integrada,* si es que hay (existió una y existe la otra) dos *tramas físicas*: una, la de las *partículas indivisibles de masa* (la previa a la segunda); y otra, la segunda o posterior, la de la *materia,* integrada por la conformación asociativa inicial e dos de aquellas partículas indivisibles de masa (pertenecientes al primer ámbito físico) que *transmutan en materia* al asociarse, generando una energía propia de la asociación, o energía asociativa (y conformando u originando el segundo ámbito físico, el del actual universo o continuo asociativo de la materia).

Una *Meta-física* trata o se ocupa de aquello que ha estado *más allá de la física* constituida por la totalidad de las partículas indivisibles de masa. La otra *Meta-física* se refiere a aquello que ha estado más allá de la física que representa al actual universo o continuo. Vale decir: la primera debe ocuparse del origen de las partículas indivisibles de masa y sus peculiaridades; y la segunda debe ocuparse del origen de la materia elemental con un componente –las dos partículas indivisibles de masa– que no existe en la física del actual universo. Es decir que no detentan existencia asociativa por no ser en sí asociaciones. Sólo se las puede considerar con existencia asociativa si están asociadas elementalmente de a dos en un campo o espacio de la energía generada por la misma asociación, por el acontecimiento de la asociación.

Para el pensamiento integrado, el concepto de *Dios* es la representación de lo que no se ha descubierto por indagación. Lo que se nos presenta –al Pensamiento de la Asociación– como *no descubrible,* como *no comprobable.*

Creemos que esto es lo que constituye la *Metafísica Integrada,* y nuestro concepto de *Dios.*

Veamos qué integra a Dios.

El conjunto de partículas indivisibles de masa precontinuo, las que reúnen conceptualmente las que nosotros llamamos cualidades divinas, metafísicas. A ese "conjunto" de no materia aún, podemos asignarle las cualidades de la *inmaterialidad, inmutabilidad, atemporalidad, no asociación, a-espacialidad, igualdad, absolutez, atemporalidad,* etc.

La energía asociativa que originó la asociación elemental inicial de la materia, en el núcleo de la no materia, y provocó, y causó el origen del universo, es maravilloso que pueda ser representada como un "soplo", un "hálito", ***inconcebiblemente ínfimo e inconcebiblemente poderoso*** (tal como es la energía asociativa de cada asociación elemental de la materia).

Tan sólo esto es muchísimo más intenso –y divino– que las pasadas y actuales representaciones de "los Dios".

II

EL CONCEPTO INTEGRADO DEL TIEMPO

I

MERODEOS TEMPORALES

Ilya Prigogine, el físico ruso, en una conferencia dada en Roma el 12 de febrero de 1987, a la que tituló *"El nacimiento del tiempo"*, se pregunta: *"...¿cómo ha aparecido el tiempo en el universo?"* Y se responde con la expresión o enunciación de un deseo: *"Me gustaría tratar de mostrar como en cierto sentido el tiempo precede al universo..."*

En realidad, lo que Prigogine quiere señalar es que *"en cierto sentido, el tiempo precede..."* al acontecimiento del *origen* del universo, que la conceptualización bimilenaria de determinación metafísica-dialéctica concibe como un *Big Bang (Gran Explosión)*, y la *Teoría de la Integración* como una G.E.A. (*Gran Expansión Asociativa*), concepciones que son intensamente contrarias.

Veamos su afirmación: *"...el universo es el resultado de una inestabilidad sucedida a una situación que le ha precedido..."*

Prigogine debió haber adjetivado aquí el concepto de *inestabilidad* con un concepto central o focal en su pensamiento, que es el de *irreversibilidad.*

[De todos modos, el físico italiano está utilizando otras palabras para decir lo mismo: la *"inestabilidad sucedida"* es obviamente la *Gran Explosión.* Y *"la situación que la ha precedido..."* seguramente es un estadio estable, según su pensamiento.] (Mayo de 2014).

El acontecimiento de origen del continuo (para nosotros lo que se ha codificado como el universo) puede conceptualizarse como una *inestabilidad irreversible.*(Para el pensamiento integrado, la totalidad de las partículas indivisibles de masa que comienzan a asociarse generando asociaciones elementales regidas por la transmutación asociativa u origen de una inestabilidad irreversible.) Vale decir: una inestabilidad (una alteración de una estabilidad) que detenta la *irreversibilidad de todo acto de origen* de una asociación o trama asociativa que integra el continuo y de éste mismo.

La *Teoría de la Integración* denomina al universo o cosmos como *continuo asociativo de la materia.* Y a sí misma como *Teoría.*

Para la *Teoría,* todo acto de origen asociativo en el continuo constituye un acontecimiento *irreversible,* en tanto es el inicio de una evolución asociativa de lo originado que arribará inexorablemente a su acto de extinción, a la vez acto de origen de otra asociación o trama asociativa (u otras).

Desde este punto de vista la irreversibilidad de los acontecimientos radica en que no pueden "desandar" lo acontecido. Una vez concretado el acontecimiento del origen asociativo sólo puede evolucionar hacia su acontecimiento de extinción asociativa (intermediando la evolución asociativa).

Pero no parece haber cuestión en esto, sino con el asignarle a esta cualidad de las tramas asociativas de la materia, la *"corrupción"* de la s mismas (el "antiguo" concepto de los filósofos integrados griegos). Vale decir: Una vez dado el acontecimiento de origen es irreversible la evolución, entendida como *disipación, desorden,* el antiguo concepto griego de la *"corrupción"*.

¿Por qué esta concepción de la *irreversibilidad*?

Porque está contaminada de la conceptualización metafísica-dialéctica bimilenaria, y porque así representa la transmutabilidad de la materia. Porque lo que es irreversible, o padece de irreversibilidad, es porque está en evolución asociativa, y todo el universo está en evolución asociativa. Prigogine lo menciona como *"universo evolutivo"*. Y agrega que *"la irreversibilidad es una propiedad común a todo el universo..."*

Cabría preguntarse, entonces, focalizándose en ello, acerca de por qué a Prigogine le gustaría *"mostrar en cierto sentido* (que) *el tiempo precede al universo..."*

¿Se refiere a que *"el tiempo"* existía antes de originarse el universo?

Sí. Según sus palabras existió *"una situación que le ha precedido"*. ¿*"Una situación"* en la que existía el tiempo? ¿Previa al origen del universo?

Sí. Y una situación *estable* que va a ser interrumpida por *"una inestabilidad"* (el acontecimiento del origen). Una situación no implicada en la irreversibilidad (evoquemos que para el pensamiento integrado la cualidad esencial del continuo, la transmutación asociativa, conlleva el concepto de la irreversibilidad, en tanto la cualidad, también esencial, de lo *evolutivo*. La totalidad del continuo está en evolución asociativa entre acontecimientos de origen y extinción.

Para este pensamiento habría, entonces, un tiempo del precontinuo, o previo universo, que *"precede"* al origen de éste, y que luego continúa en éste.

Esto por un lado.

Por otro, debemos señalar que si no se afirma (se describe, se evidencia) la existencia de "lo previo", sólo se puede concluir en que se considera al tiempo una dimensión meta-materia –meta universo–, y entonces asignable a la divinidad (metafísica). Por lo que entonces toda esta concepción se inscribe inexorablemente en la rección considerada condicionante bimilenaria metafísica-dialéctica ("el tiempo es *absoluto*").

Para el pensamiento integrado, existe desde más de veinte siglos, más precisamente desde el filósofo griego Platón, quien aplicó el concepto de *khorismós*, que significa escisión, separación, en este caso entre los dos términos de la dualidad esencial *ser-ente* o *ente-ser*, en la que el *ente* es "la cosa" y el *ser* aquello que lo anima, una *rección* (lo que rige) sobre la totalidad determinante del pensamiento humano y la trama de conceptos o representaciones con la que éste piensa (trama conceptual).

Esta rección conceptual, de intensidad considerada condicionante, destinacional, generó un modelo conceptual que se aplicó a la totalidad de los conceptos creados o por crear. De este modo toda representación conceptual se dualizó, escindiéndose en dos términos opuestos entre sí y jerarquizados (uno posee siempre más jerarquía que el otro), aunque conservando la unidad. Tal como *luz-oscuridad*, por ejemplo.

Este pensamiento, bajo esta rección, consideró que necesariamente la dinamicidad que se hallaba en toda la trama del universo provenía de la oposición, del enfrentamiento entre los términos de cada unidad dual representada conceptualmente.

Así se originó el concepto de *dialéctica*, en el pensamiento filosófico, fundamentador de la dinamicidad generada por oposición polar y pugna entre contrarios (tesis, antítesis).

El pensamiento religioso, semejantemente, elevó el término correspondiente al *ser* de la dualidad esencial a la mayor jerarquía frente al *ente* (a los *entes*, que constituían la totalidad del mundo de la materia, integrante del universo), transformándolo en el *Ser*, a quien denominaron *Dios*, originando la dualidad *Dios-mundo* (*entes*)

Dada la diversidad en la semejanza de la dialéctica y de la metafísica, el pensamiento integrado las considera una unidad o unicidad conceptual, que es la que va a regir determinadamente al pensamiento como rección *metafísica-dialéctica*, en los últimos veinte siglos y hasta la actualidad.

Lo que significa que la indagación, es decir, el pensamiento científico ha estado y está regido al menos determinadamente por esta dualidad, que en él se expresa como *física-metafísica* y como *física-dialéctica,* aunque en este segundo caso no cree que *metafísica* y *dialéctica* constituyan una unicidad conceptual, y supone además que la dialéctica es el método no metafísico de la ciencia, es decir de las indagaciones físicas.

Es así, entonces, como sucede en el pensamiento filosófico de estos tiempos (siglo XX y XXI) que no se menciona a Dios. Por lo que Prigogine concluye en que *"el universo sería el resultado de una transición de fase a gran escala".*

¿Una *"transición de fase"*, naturalmente *"a gran escala"*?

Claro: de lo estable a lo inestable, de lo no sometido a la irreversibilidad, a lo totalmente irreversible. Es decir: de la fase de lo estable a la fase de lo inestable, de la fase de lo que no evoluciona a la fase de lo que evoluciona. Y así sucesivamente. O, de universo de "materia" que estaba estable y no sometido a la irreversibilidad, es decir, a la transmutación, al cambio, a la dinamicidad.

Más claramente: un estado o fase previa *inmutable* (intransmutable) –la *inmutabilidad* es, para el pensamiento integrado una cualidad de la divinidad, una representación no emanada de la indagación del continuo, un concepto de concepto, como la *infinitud,* la *no asociación,* la *atemporalidad,* la *absolutez,* etc.–, que se implica en una *"alteración",* en *"una inestabilidad"* (...) *"a gran escala"* (el *Gran Bang*), en el *origen del universo.*

Más claramente aún: esto se corresponde con el establecimiento de la dualidad metafísica-dialéctica, porque si todo el universo es irreversible y está en evolución transmutativa, qué es lo no irreversible y lo que no evoluciona. Para el pensamiento bajo esta rección condicionante y hasta destinacional si existe la *finitud* debe existir necesariamente su opuesto: la *infinitud.* Y para explicar la dinamicidad total del universo (todo es irreversible, todo está en evolución, es decir en cambio) este pensamiento lo asigna al enfrentamiento, a la pugna entre opuestos polares jerarquizados.

De ahí que lo que es considerado una dimensión, un estado del cual participan o están implicadas todas las dualidades en oposición (y entonces generadoras de dinamicidad) que integran el universo, como *el tiempo,* éste debe dualizarse en un tiempo de lo precedente al origen del universo, y un tiempo a partir del origen del universo. Un tiempo implicado en la estabilidad, en la inmutabilidad, en lo no irreversible, en lo ordenado, y así sucesivamente. Así, el tiempo es una dimensión de lo metafísico (dialéctico) que precede a lo físico, y es, asimismo, una dimensión de lo físico, a partir del acto de origen de este estado, el del universo.

II
MERODEOS TEMPORALES (CONTINUACIÓN)

¿Cómo "traducir" el segundo principio de la termodinámica al pensamiento integrado? ¿Cómo representaría este principio *la Teoría*?

Para ésta, el concepto de *"sistema"* o *"una porción arbitraria del espacio"* se correspondería con el concepto de *asociación* –referencia a una asociación elemental– (o *trama asociativa*: trama de asociaciones y / o de tramas asociativas), la que está integrada por su propio espacio asociativo, el que se origina al originarse la misma.

Entonces: dada una asociación o trama asociativa, ésta detenta una función, denominada *entropía,* la que puede descomponerse en dos flujos o acciones: una es la que proviene del exterior de la asociación o trama asociativa (*flujo entrópico externo*), y la otra la que es generada internamente por la asociación o trama asociativa (*flujo entrópico interno*).

Es evidente que –desde el pensamiento integrado– toda asociación y toda trama asociativa detentan una acción asociativa, o aptitud, o pulsión a asociarse y transmutar, por lo que se los debe considerar como [*asociación (trama asociativa) – acción asociativa*], distinción especulativa en tanto constituyen una única unidad representada como unicidad conceptual.

Esta [*asociación (trama asociativa) – acción asociativa*] está necesariamente integrada a una asociación (trama asociativa)-acción asociativa, como componente de la misma, la que a su vez integra otra asociación (trama asociativa)-acción asociativa, y así sucesivamente hasta la Unidad, el continuo.

En consecuencia, toda asociación (trama asociativa)-acción asociativa que integra el continuo asociativo de la materia (el universo) concretará su evolución asociativa y, a la vez, integrará, como componente, a otra asociación (trama asociativa)-acción asociativa que está concretando su propia evolución asociativa.

Por lo que, para el pensamiento integrado, la totalidad de la trama asociativa que integra al continuo, que conforma el continuo, estará en situación o estado de entropía, es decir, de irreversibilidad, la que es, entonces, *una cualidad esencial* de la totalidad de la materia, y no sólo de los denominados *"procesos termodinámicos"*.

Ahora bien: esto significaría nada menos que negar la *reversibilidad* (en tanto concepto opuesto al de *irreversibilidad*). O, si se quiere, y en tanto para los indagadores ("hombres de ciencia") *"la irreversibilidad corresponde a la disipación, al desorden..."*, *negar* las dualidades conceptuales de términos opuestos como *orden-desorden, equilibrio-desequilibrio,* y así sucesivamente.

Para el pensamiento indagador actual, la producción o generación de entropía interna, es decir, la que corresponde a la trama de toda asociación o trama asociativa integrante del universo *"siempre es positiva o nula y (...) corresponde a los fenómenos irreversibles"*.

¿Y cuáles son para este pensamiento los acontecimientos irreversibles?

Sólo las *"reacciones químicas"* y los *"fenómenos biológicos"*, asegura Prigogine.

¿"Lo demás" (el resto de los acontecimientos), entonces, no son (ni pueden tornarse) irreversibles?

¿Es, así, o constituye una dualidad conceptual de oposición *lo irreversible* y *lo no irreversible* (o *reversible*)? O, dicho en otra aproximación: lo que evoluciona (irreversible) y lo que no evoluciona (lo no irreversible).

Para el pensamiento integrado esta concepción es peculiar al pensamiento bajo rección condicionante de la conceptualidad metafísica-dialéctica, lo que, reiteramos, reside en asignar la dinamicidad de todo acontecimiento en el cosmos a la oposición entre opuestos o contrarios, y, más abarcadoramente, a establecer la existencia de la dualidad de oposición: *lo dinámico* y *lo adinámico,* señalando, así, la dinamicidad que se genera en la relación de oposición entre estos dos conceptos. No la dinamicidad de lo adinámico (este pensamiento lo consideraría un absurdo, un imposible, una propuesta irracional) sino la dinamicidad de la dualidad *lo dinámico-lo adinámico.*

Así, se evidencia la aplicación del modelo configuracional dualizador entre opuestos jerarquizados que ejerce –y ha ejercido– rección condicionante sobre el pensamiento filosófico-indagador del último bimilenio. Modelo que se esencializa en la configuración-contenido de las dualidades como [*concepto - concepto de concepto*], o [*concepto emanado de la indagación del continuo - concepto creado especulativamente por el pensamiento humano en oposición conceptual al otro*]. Tal como en las dualidades modélicas de la trama conceptual del pensamiento general, total, o Pensamiento de la Asociación: *finitud-infinitud, temporalidad-atemporalidad, transmutabilidad-inmutabilidad,* etc.

III
MERODEOS TEMPORALES (FINAL)

Pero avancemos en la dirección reflexiva que nos hemos propuesto.

Para el pensamiento científico existe hoy la certeza de que el universo es un universo *evolutivo*. Que *"la irreversibilidad es una propiedad común a todo el universo"*.

Pero que sea *"común"* no significa que sea esencial, es decir, que constituya la *irreversibilidad* una unicidad conceptual, y no el término conceptual de una dualidad de oposición conceptual.

Ahora bien: ¿qué es lo que en el universo no es evolutivo, se considera que no está sometido a *la irreversibilidad*?

La física contemporánea ha descubierto –se asegura– que en acontecimientos *"alejados del equilibrio"*, es decir, en evolución como integrantes del universo evolutivo, *"la aparición de la probabilidad y la coherencia"*, las que son evaluadas como *"condiciones para la existencia de las nuevas estructuras"*.

Ante esto, tenemos un previo juicio: el pensamiento indagador –en este caso específicamente–, está dedicado a encontrar el otro término de las supuestas dualidades (de las creídas dualidades) en la realidad del continuo. No acepta la dinamicidad evolutiva del continuo y busca la existencia de lo adinámico, de lo ordenado, de lo equilibrado, de lo inmutable, en realidad de *lo accesible* a este pensamiento, que se ha alejado, se ha des-integrado hasta tal punto de la configuración-contenido del continuo que necesita "detener" su dinamicidad para indagarlo (de ahí la *inevitabilidad* para indagar lo *transmutable*).

El pensamiento integrado (o más integrado) piensa al continuo tal cual es: en transmutabilidad asociativa, en plena dinamicidad de la integración (lo que constituye la materia en su elementalidad) de la masa y la energía asociativa.

En este sentido, el concepto de *irreversibilidad* se resuelve en realidad como un concepto de concepto, pese a que en la dualidad *irreversibilidad-no irreversibilidad* parece representar lo que emana de la indagación del continuo, siendo lo no irreversible el concepto de concepto. Y lo es porque el concepto de *evolución asociativa,* cualidad esencial de la totalidad de la trama del continuo implica, incluye –en todo caso como unidad de la diversidad– al concepto de *irreversibilidad.* No existe un acontecimiento en el continuo que no esté en evolución asociativa, y entonces que no esté en situación de irreversibilidad.

De estarlo, es decir, de estar en situación de *reversibilidad,* no estaría en estado de evolución asociativa. Y, en consecuencia, habría tenido origen pero no arribaría a su acto de extinción, ya que, especulativamente, regresaría a su acto de origen asociativo. Estaría así en *reversa,* sería reversible. Claro que esto es inaceptable para el Pensamiento bajo rección metafísica-dialéctica: éste "prefiere" pensar en términos de *inmutabilidad.*

Pero aproximémonos a los principios de la termodinámica. Y especialmente al segundo principio, porque allí existe, se da un acontecimiento de agonía general, universal, de intenso enfrentamiento entre tramas opuestas, y en el que está implicada la totalidad del universo.

La cuestión radica en que se entabla un enfrentamiento entre el orden y el desorden, el equilibrio y el desequilibrio, lo que se corrompe y lo incorruptible, la concentración y la disipación, lucha global universal que Prigogine define como que *"cada estructura sería conquistada a través de una fuerte lucha contra el segundo principio..."* Y agrega que *"así sería para la vida como para el universo".*

Vale decir que cada *"sistema"* se logra conformar en el universo enfrentándose con el principio de la irreversibilidad, con la cualidad esencial –para el pensamiento integrado– de la evolución asociativa, la que transcurre desde el acto de origen hasta el acto de extinción de una asociación o trama asociativa.

En consecuencia, se sostiene que existen *"sistemas"* (para nosotros tramas asociativas) que son "vencidas" por el segundo principio de la termodinámica, sumiéndolos en la irreversibilidad, es decir, "padeciendo" la evolución asociativa. Y existen sistemas que "vencen" al segundo principio y "no padecen" la irreversibilidad, siendo entonces inmutables, atemporales, y así sucesivamente. O "sistemas" *físicos* y "sistemas" *metafísicos*. Lo que se constituye en la única conclusión posible.

Claro que en este pensamiento científico se da la contradicción de aceptar esta conclusión, por un lado, y, por el otro, concluir en que en un universo evolutivo hay evoluciones en el ámbito de lo no viviente en las que *"los tiempos de la evolución son mucho más largos"*, siendo estos tan "lentos" que su dinamicidad evolutiva no puede percibirse. Por lo que se la niega (!) y se le asigna la inmutabilidad, el equilibrio "absoluto", un orden que no se desordena, un equilibrio que no se desequilibra, una inexistente irreversibilidad, una no rección del segundo principio.

¿Es que los científicos son indagadores de lo físico, y también de lo metafísico?

En eso se han convertido los que tendrían que tener sus raíces más profundas en los físicos-filósofos griegos, aquellos indagadores que se centraban en lo físico, integrándose a este ámbito, el del cosmos, y al descubrir a éste como *Unidad*, y aceptar que sería un concepto evidente pero especulativo por incomprobable (su concepto de *lo ilimitado* implicaba que si bien "no podía verse" la otra orilla, el otro límite, a éste se podía llegar), se focalizaron en el "otro extremo", el de la elementalidad, el de las *unidades elementales* (los cuatro tramos elementales: el aire, el fuego, el agua y la tierra, y sus transmutaciones evolutivas; los átomos de Demócrito; o aún la más remota de Tales: *"... debe haber una naturaleza, una o más de una, a partir de la cual o de las cuales se generan las demás cosas, mientras aquélla se conserva"*).

A nuestro juicio, es ésta la más trascendente definición de la elementalidad de la materia.

Prigogine hace una referencia significativa que expresa la creencia en la coexistencia de un universo viviente y de un universo no viviente. Incluye a ambos en un universo –que los dos conforman– evolutivo, es decir, sometido a la irreversibilidad y a la entropía interna y externa del segundo principio de la termodinámica.

¿Cómo los distingue?

Porque en ambos universos impera o rige *"lo no lineal"*, pero en los dos los *"tiempos de la evolución"* son diversos, intensamente diversos: *"la vida expresa mejor que cualquier otro fenómeno físico algunas leyes esenciales de la naturaleza"* (...) *"... es el reino de lo no lineal* (...), *de la autonomía del tiempo* (...), *de la multiplicidad de las estructuras"*.

La extrema diferencia radica en que en el universo de lo no viviente *"los tiempos de la evolución son mucho más largos"* (es decir, la evolución es más lenta, tan lenta que en realidad prácticamente no existe, o no debe ser tenida en cuenta).

Vale decir que lo viviente es más inestable... y lo no viviente es más estable por esa razón, porque sus tiempos evolutivos son inabarcables de tan extensos, y en tal extrema lentitud.

¿Es esta concepción una argumentación justificativa, desde la Física contemporánea, acerca de la explicación conceptualmente *metafísica* de la Física clásica en relación con los acontecimientos del universo?

Creemos que sí.

Y una aproximación, asimismo, a la negativa del pensamiento indagador, o físico, o científico, a aceptar que esté "contaminado" por la metafísica-dialéctica, que esté regido condicionadamente por la conceptualizaciónn metafísico-dialéctica, ya más que bimilenaria.

Sin embargo lo está, y gravemente, tal como ha probado la *Teoría de la Integración* a través de la trama de obras que la van conformando como Modelo de Filosofía.

Prigogine da "un paso" en esta dirección, y haciendo referencia a una obra de Jacques Monod (*"El azar y la necesidad"*, Tusquets, 1988) confiesa que la misma *"me permitió tomar más conciencia de la cuestión metafísica que estaba en juego..."*

Nota aclaratoria

En realidad, el pensamiento indagador-ciuentífico, no acepta que lo metafísico-dialéctico constituya una unicidad conceptual. Aceptan lo dialéctico como correspondiente a lo físico, y lo escinden de lo metafísico, lo que debe ser rechazado necesariamente porque está más allá de lo físico, es decir, del objeto de la indagación, del pensamiento científico.

IV
LA "CUESTIÓN METAFÍSICA QUE ESTÁ EN JUEGO"

Una cuestión de extrema importancia, confiesa Prigogine, porque se trata *"de problemas sobre los que han intentado reflexionar todos los que han realizado la historia intelectual del hombre"*.

Es cierto. De tal trascendencia.

Pero veamos: no es sólo de índole *metafísica,* sino también de índole *dialéctica*. Porque *metafísica* y *dialéctica* confluyen en una unidad conceptual por su semejanza (aunque, como afirmamos, en diversidad). Ambos conceptos se centran en fundamentarse en una relación de dualidad entre opuestos polarizados y jerarquizados. Por lo que ambos sostienen que toda dinamicidad de la trama del universo se debe a la pugna, a la oposición entre los dos términos conceptuales opuestos (contrarios) de toda dualidad (representados por dualidades conceptuales de dos términos, o unidades duales).

Ahora bien: la diversidad radica en que las dualidades metafísicas tienen un modelo esencial, que las rige "condicionadamente", uno de cuyos términos, el de mayor (inexorablemente) jerarquía es Dios (lo que torna *destinacional* el condicionamiento). Este modelo ha sido representado, desde este pensamiento metafísico, por una trama de conceptos que representan *cualidades* de Dios.

Así, son cualidades de Dios la *absolutez,* la *infinitud,* la *eternidad,* la *atemporalidad,* la *igualdad,* la *inmutabilidad,* etc. Y son los términos conceptuales, entonces, de inexorablemente mayor jerarquía en las dualidades que conforman (los notamos en primer lugar de cada dualidad) *absolutez-relatividad; infinitud-finitud; inmutabilidad-transmutabilidad,* etc. Siendo, los otros términos, emanados de la indagación de la trama del universo físico. De este modo, desde la dialéctica (el materialismo dialéctico) lo que "esconde" la dialéctica es que los términos de mayor jerarquía de sus dualidades de oposición son cualidades de Dios, términos conceptuales metafísicos.

De este modo, el concepto de *infinitud* representa una cualidad o condición *física* del universo cuando en realidad es una cualidad *metafísica* de Dios, del Ser. Y la Física, como la Matemática, como la totalidad de las ciencias, detentan, en su trama conceptual, estos conceptos que conforman dualidades creídas –y aseguradas que han sido comprobadas– conceptualmente físicas.

De este modo, la dualidad *infinitud-finitud* es considerada propia, peculiar, del universo físico, cuando en realidad es una dualidad jerárquicamente metafísica, es decir, propia de la especulación creativa, imaginativa, emanada del pensamiento humano y no descubierta por éste como cualidad del universo físico.

Pero no es ésta *"la única cuestión metafísica que está en juego"*.

Cuando los filósofos integrados griegos (ver *"El origen de la Filosofía", de Felder,* Proyecto Larsen) no avanzaron más allá del descubrimiento conceptual de *la Unidad* (el todo, el cosmos) y de las *unidades elementales* (los componentes elementales de toda la Unidad en su diversidad), en tanto *físicos-filósofos*, o *físicos amantes del saber especulativo* (tal la definición de Filosofía para el pensamiento integrado) dado que el descubrimiento que representaba el concepto de Unidad era especulativo, aunque real, verdadero, pero incomprobable, tal como lo referente a la elementalidad de la materia, dejaron una "puerta abierta" para corromper el modelo conceptual de todo lo físico, representado hasta entonces por una dualidad especulativa, en tanto se constituía en una unicidad conceptual indisociable en sus términos, entonces especulativos.

Nos referimos al concepto (unicidad conceptual) integrado de *ente-ser* o *ser-ente.*

Todo componente del universo era representado por este modelo conceptual configuracional, siendo el *ente* la "cosa", el *soma,* y el *ser* la energía, la dinamicidad del *ente,* lo que animaba al *ente.*

Para estos físicos-filósofos todo lo que constituía el universo era un *ente-ser.* Una "cosa" física, y lo que la animaba (también física pero desconocida, no descubierta), lo que la tornaba dinámica, lo que cambiaba y que transmutaba, aquello que evolucionaba.

Pero al hallarse ante el *ente en total,* la Unidad, el cosmos o universo, éste sólo podía ser animado por un *ser en total.* Vale decir, un *ente* de la Unidad y un ser de la Unidad, un *Ente-Ser.*

Es en este momento cuando aparece representado el *Ser* como Dios (Parménides). Y entonces la dualidad se tornó *Ente-Dios,* o *Cosmos-Dios.*

Y es entonces cuando Platón arriba a la concepción de que el término de Dios –evóquese el Dios como el Creador del *Ente* o cosmos, o mundo– detenta mayor jerarquía –indudable e inexorablemente– que el otro término, la Unidad, el *Ente,* que había sido creado por ese *Ser.*

En consecuencia, si bien ambos términos seguían integrados en una unidad modélica configuracional, ésta fue conceptualizada como una dualidad en la unidad, integrada por los dos términos: el *Ser* y el *ente,* ya no unidos indisociablemente, sino separados en la unidad que conforman, por una escisión entre ambos que Platón denominó *khorismós.*

Lo que originó otro modelo conceptual, y configuracional. Por lo que al modelo del *ente-ser,* o *ser-ente* (unicidad sin jerarquía endógena) le siguió el modelo (la configuración-contenido) del *Ser-ente* (dualidad de términos opuestos, enfrentados, en relación, pero autónomos, y ordenados jerárquicamente).

De este modo la totalidad de la trama de conceptos (o representaciones) con los que el pensamiento humano pensaba y piensa fue transmutado al nuevo modelo (configuración modélica), origen de una trama conceptual con la que aún piensa ese pensamiento (al que el pensamiento integrado denomina *Pensamiento* por ser la acción asociativa de la Asociación de todas las asociaciones humanas).

[En realidad, para el pensamiento integrado, toda *configuración-contenido* de toda asociación o trama asociativa que integra el continuo es una unicidad conceptual, por lo que cada término es indisociable del otro, salvo especulativamente. De ahí que al referirnos a una "configuración modélica" nos estamos refiriendo a una *configuración-contenido modélica.*]

La dinamicidad total del universo físico no se representó ya como una unicidad conceptual, sino como *una dualidad* conceptual. Y si en la unicidad la dinamicidad procedía de la asociación, de la integración de dos términos estrictamente especulativos (lo no especulativo era la unidad, la integración de ambos), en el modelo de la dualidad los términos se oponían, pugnaban entre sí, y esto explicaba la animación, la generación de la dinamicidad de todo el universo (el "*todo cambia*" de Heráclito).

Y este modelo platónico, entonces, va a originar el *pensamiento metafísico* y el *pensamiento dialéctico,* como dos unidades de la diversidad de una unidad, semejantemente diversas entre sí. Aunque, sin embargo, se le asignaba mayor jerarquía a uno u a otro, incluso sosteniendo desde uno la resistencia del otro.

Ahora bien: este modelo conceptual metafísico-dialéctico ha perdurado desde entonces –desde Platón– hasta el presente en una evolución ya de más de veinte siglos, rigiendo determinadamente a la totalidad de los pensamientos humanos al regir con tal intensidad a la trama de conceptos-representaciones con los que éstos piensan e indagan.

Sin embargo, esta evolución modélica se ha ido intensificando hasta el punto de ser considerado el modelo la realidad del universo, la verdad de la configuración-contenido del continuo. Y para ello se ha considerado a la trama modélica ya no como determinante (y entonces posible de transformación) sino como *condicionante,* vale decir, como *destinacional* al pensamiento, como esencial y natural al mismo, y entonces inmodificable, inmutable, atemporal, etc.

Pero este arribo a la consideración de la trama configuracional del universo es sólo *determinante* en un estadio o periodo evolutivo, según afirma el pensamiento integrado.

Sin embargo, persiste hasta estos presentes esta condición destinacional del universo y del pensamiento humano, aunque desde el siglo XX han surgido numerosos pensadores que han buscado, y buscan "enfrentar" este condicionamiento.

Heidegger, por ejemplo, directamente no menciona al *Ser* o Dios de la dualidad esencial *Ser-ente,* y, remontándose a los filósofos griegos integrados, propone el concepto del *"ente en total"*. Propone ocuparse reflexivamente del *ente,* planteándolo como una totalidad y a la vez como una dualidad, asignándole a este *ente en total* un *ser* de tan ínfima categoría o jerarquía, que lo considera un *es,* es decir, un término conceptual copulativo (con la salvedad del uso poético de Goethe).

Derrida, a su vez, va a intentar el camino de *la evitación* del *Ser* y, posteriormente, imaginará el procedimiento de la *de-construcción* (des-construcción), es decir, la operación de neutralizar el orden jerárquico de las dualidades conceptuales metafísico-dialécticas, desjerarquizando el término que predomina sobre el otro, en tanto, modélicamente, cualidad de Dios.

Claro que Heidegger, al desjerarquizar al *Ser* frente al *ente,* y jerarquizar a éste frente a aquél, convierte al *ente* en *Ente,* regenerando el ordenamiento jerárquico de la metafísica-dialéctica, dado que el *Ente,* este *ente en total,* regenera la dualidad conceptual jerarquizada de oposición y pugna o enfrentamiento, como *Ente-es.*

Advirtamos que este mismo procedimiento u operatoria es el que propuso el marxismo para alcanzar una sociedad plenamente igualitaria (claro que después de evolucionado el capitalismo). Considerando a la burguesía como el *Ser,* es decir, el término o clase de mayor jerarquía en relación con el *ente* (el proletariado), o término o clase de menor jerarquía, alcanzando los límites de la explotación y sojuzgamiento de éste por aquél, la revolución llevada a cabo por el *ente* (los *entes*) para tomar el poder, quitándoselo al *Ser,* vencido y desarticulado después de la victoria, y sometido a la aniquilación total durante el estadio evolutivo posterior, el de la dictadura del proletariado (es decir, del *ente,* o de los *entes*), no se concretó como existencia única del *ente en total* ante la desaparición del *Ser,* sino que este *Ente* (sectores dirigentes de éste), regeneró la dualidad de oposición jerarquizada, y entonces la desigualdad, adoptando la jerarquía mayor y generando una trama de inferior jerarquía (la burocracia del Partido Comunista o la oficialidad del Ejército Rojo ante una sociedad de proletarios de inferior e igualitaria jerarquía entre sí).

En fin, lo que queremos señalar significativamente es que la "plantilla" modélica bimilenaria emana de toda aproximación o indagación al devenir evolutivo de la Asociación humana, especialmente en occidente, o desde occidente. Que prácticamente nada está exento de su rección; que la preservación de la misma es férrea y prácticamente inabordable; que para el pensamiento integrado ha sido y es una trama de rección determinante, por lo que tal determinación puede extinguirse en su determinación, y se concretará extinguiendo, a nuestro juicio, a la *Primera Habita-*

ción Asociativa de la Asociación de la totalidad de las asociaciones humanas, a la que hemos denominado *Habitación de la Indagación* (o de la *Indagación Des-integrada*), para dar paso a la Segunda Habitación Asociativa humana, la de la *Habitación de la Integración*, o *Indagación Integrada*.

Así, acierta Prigogine al evaluar a estas "cuestiones" como *"problemas sobre los que han intentado reflexionar todos los que han realizado la historia intelectual del hombre"*.

V
EL ABISMO DE LA AUTOEXTINCIÓN

¿Es que nos hemos tornado apocalípticos?

Así es: creemos en un inexorable apocalipsis para que la Asociación (la Asociación de la totalidad de las asociaciones humanas) transmute, extinguiendo el condicionamiento de la rección metafísico-dialéctica. Y apocalipsis, para los físico-filósofos griegos, significa transformación de gran intensidad, es decir, *transmutación* de una trama asociativa a otra.

Y esto, para nosotros, es el pasaje evolutivo del pensamiento bimilenario, en condicionamiento destinacional por la rección metafísica-dialéctica, al *pensamiento integrado*, enunciado por la *Teoría de la Integración*.

Vale decir: el pasaje evolutivo, mediante transmutación de un pensamiento des-integrado, y en constante intensificación –des-integrado en relación con la trama configuracional del continuo o universo–, a un pensamiento que retorne a integrarse al continuo, a la configuración-contenido de éste, representando la verdadera (o una aproximación lo más intensa posible a la verdadera) trama configuracional del mismo.

¿Verdadera?

La cualidad esencial del universo (y de su trama) para el pensamiento integrado radica en *lo opuesto* a la fundamentación metafísica-dialéctica. De ahí la progresiva desintegración y la intensificación de ésta al esclerosarse evolutivamente su fundamento, y al contaminar crecientemente a la indagación y al pensamiento indagador (o científico), y, por supuesto, al pensamiento filosófico.

La cualidad esencial del continuo radica en la capacidad, en la aptitud, en la disposición, en la pulsión (proveniente del acto de origen del mismo) de la materia a asociarse y transmutar, y a transmutar asociándose.

Asociación-transmutación (pensamiento integrado), no *oposición-transmutación* (pensamiento des-integrado, metafísico-dialéctico). *Diversidad-semejanza* (unicidad conceptual integrada), no *igualdad-desigualdad* (dualidad de oposición jerarquizada del pensamiento des-integrado).

Tal lo esencial de la transmutación.

¿Por qué sostenemos el peligro de autoextinción asociativa?

Porque la configuración-contenido de la rección metafísico-dialéctica se basa, se fundamenta, en la disociación esencial, en la escisión que separa y opone los dos términos de la unidad (unicidad) esencial *ente-ser.*

La unicidad de representación *ser/ente* (vamos a notarla de este modo) se transformó en una dualidad bajo la configuración contenido de una unidad dual *ser-ente* con un ordenamiento jerárquico configuracional endógeno que la transformó evolutivamente en *Ser-ente*. De una separación entre los dos términos puramente especulativa, a una separación real, perceptible y hasta de intensidad rotunda, que propone una relación de opuestos de diferente jerarquía, y obliga, para continuar unidos, a una dura lucha (la famosa productora de dinamicidad transmutativa) entre ambos, en la que el término débil –el que tiene que empeñarse desigualmente en el enfrentamiento– es el que pertenece a la trama del universo, el *ente* (o los *entes*). Y es a este término al que al parecer se refiere (¿sin saberlo?) Prigogine cuando afirma que *"cada estructura* –cada *ente*– se origina (*"sería conquistada"*) ... *"a través de una fuerte lucha contra el segundo principio..."* Y esto vale tanto para lo viviente como para lo no viviente en el universo.

Ahora bien: insistimos. ¿Qué es lo que, como consecuencia, acarrea la escisión endógena a la dualidad esencial, a las asociaciones humanas en su evolución?

Nada menos, en el extremo evolutivo, que la psicosis, la locura, la demencia, la que, para el pensamiento integrado, es el grado más intenso de la *enfermedad asociativa* o *enfermedad única* de las asociaciones humanas, tanto en el caso de las asociaciones individuales, como en el de las asociaciones colectivas, como en el caso de la Asociación que está integrada por todas.

Evocar que para la *Teoría* el concepto de *Asociación* equivaldría al de *Humanidad*, o asociación de la totalidad de las asociaciones humanas, sin exclusiones (cuando una asociación parcial de humanos se cree que es la totalidad, excluyendo a otros, el pensamiento integrado la nota como "Asociación", tal, por ejemplo, el caso de los griegos de la Grecia antigua. La Asociación está integrada por la totalidad de las *asociaciones colectivas* (trama, en la elementalidad, de dos o más asociaciones individuales), y la totalidad de las *asociaciones individuales humanas*.

La enfermedad asociativa es la enfermedad de la disociación, de la des-integración, una patología integral que evolucionaría desde los grados menos intensos hasta una intensidad tal que genera una desconexión total entre los dos términos constituyentes de la asociación humana (llamémoslos el *soma* y la *psiquis*, o el *ente* y el *ser*) provocando lo que se ha denominado *psicosis, aunque no es una enfermedad de la psiquis*, es decir, del *ser*, sino una enfermedad del *ser-ente* o el *ente-ser*, vale decir que atañe y afecta a ambos términos escindidos, disociados.

Enfermedad que especulativamente reside en la acción asociativa de las tramas asociativas humanas, es decir, en la pulsión, la aptitud, la capacidad de éstas de asociarse y transmutar.

Enfermedad de des-integración que desde nuestro pensamiento físico-filosófico solemos llamar el *síndrome de Kant,* puesto que este filósofo estaba profundamente preocupado en su época por la creciente intensidad (dimensión) de la escisión entre el *ente,* o los *entes* (los seres humanos), y el *Ser,* es decir, Dios. Claro que en realidad lo angustiaba el alejamiento de los fieles con respecto a su Dios, y a la normativa impuesta por éste, a la fe y a la religiosidad.

Señalemos, asimismo, que así como el pensamiento integrado enuncia la existencia de asociaciones humanas individuales, de asociaciones humanas colectivas (integradas por asociaciones individuales y colectivas), y de la Asociación (todas las asociaciones humanas integradas en una única trama), no refiere la patología extrema denominada *psicosis* sólo a las asociaciones humanas individuales, sino también a las colectivas, y a la misma Asociación.

En todos los casos de las asociaciones humanas, la disociación, la des-integración (y, entonces fragmentación) de sus dos términos asociados, integrados (la "salud"), que los constituyen, expresará el arribo de esa asociación humana a lo que con mayor propiedad que *psicosis* deberíamos denominar *psicosomasis,* pues es una patología de la *psiquis* y del *soma* que se expresa a través de un síndrome de escisión (y entonces desconexión) de estos dos términos entre sí.

Pero es necesario que quede en claro que la *enfermedad* asociativa afecta tanto a las asociaciones individuales como a las asociaciones colectivas (las sociedades, por ejemplo), así como a la Asociación. Y que el extremo de mayor intensidad de ésta es el arribo a la disociación total –la psicosomasis individual, colectiva y global–.

¿Puede enfermarse asociativamente una trama asociativa colectiva, como una sociedad?

Si, y para ejemplificar este punto el siglo XX ha sido paradigmático al instalarse el concepto político de la aniquilación interna (u holocausto) con la finalidad de alcanzar la igualación en los integrantes de una sociedad. (Ver *"Las sociedades igualitarias"* de Felder, Proyecto Larsen, 2014).

Semejantemente, es posible percibir claramente la intensificación de la enfermedad asociativa de la asociación, y su constante acercamiento a su autoextinción asociativa.

De este modo, el pensamiento integrado sostiene la necesidad de revisar, de reindagar, de volver a reflexionar toda la conceptualidad de las llamadas ciencias del cuerpo y del aparato psíquico humano.

La *Teoría* sostiene que integrando la totalidad de las tramas asociativas que conforman el continuo o universo, existe una de ellas integrada por la totalidad de los *tramas asociativas con vida y conciencia.*

¿Con *vida-conciencia*?

Sí. Para el pensamiento integrado cada asociación-trama asociativa con vida es un *ente-ser* viviente que detenta una *acción asociativa* (aptitud, capacidad, pulsión para asociarse-transmutar) denominada por la *Teoría* como *conciencia* (o el *ser* del *ente* con vida).

Toda asociación y trama asociativa que integra el continuo (no viviente o viviente) se define integradamente como un *ser-ente,* siendo el *ente* la asociación o trama asociativa, y el *ser* su acción asociativa. La *Teoría* denomina específicamente a la acción asociativa de las asociaciones con vida como *conciencia.* La que es común (semejante en la diversidad) a *todas* las asociaciones con vida.

¿Estamos afirmando que una célula tiene conciencia, tanto como un gusano o un mamífero superior? ¿E incluso como las asociaciones humanas?

Sí. Pero las asociaciones humanas han evolucionado, como asociaciones con vida-conciencia, a una acción asociativa de una mayor aptitud asociativa (la más intensa y extrema) a la que la *Teoría* denomina *pensamiento*. Por lo que las tramas asociativas humanas se diversificarán de las otras tramas asociativas con vida, por poseer *conciencia-pensamiento*.

En este sentido, el pensamiento integrado afirma que la conciencia está conformada por lo que podría llamarse *estadio preconceptual de lo percibido*. Es lo que Husserl descubrió y describió como *acontecimiento fenomenológico*. Acontecimientos que se registran en la memoria asociativa de los seres vivientes pero no arriban a conformarse como representaciones o conceptos que se traman asociativamente entre sí, lo que sí sucede en el caso de las asociaciones humanas constituyendo una trama conceptual con la que éstas piensan.

Y es la escisión la disociación entre la conciencia y el pensamiento de las asociaciones humanas –la desconexión, endógena a este "aparato" psíquico– la que provoca la psicosomasis de éstas, perdurando posteriormente al acontecimiento de extinción sólo la conciencia, aunque una conciencia que ha evolucionado integrada a un pensamiento.

Ahora bien: ¿Y el *ente*, el soma de esa asociación humana?

Veamos lo que sostiene la *Teoría*.

La trama del que se distingue como *soma* es una trama de asociaciones (elementales) y tramas asociativas, cada una de las cuales posee su propia acción asociativa. De este modo puede afirmarse especulativamente que el soma, o el cuerpo, o el *ente* de una asociación individual humana es (constituye) una trama de acciones asociativas tramadas configuracionalmente en niveles asociativos, desde el de las asociaciones elementales hasta el del soma en su totalidad.

Para el pensamiento integrado, la acción asociativa de cada asociación elemental **2m.ea** (dos partículas indivisibles de masa asociadas en energía asociativa) está asociada, a través del tramado asociativo, con el soma o cuerpo unidad. Lo mismo las acciones asociativas de un átomo, una molécula, una célula, un tejido, un órgano, y así sucesivamente.

La trama total de las acciones asociativas de la totalidad de las asociaciones elementales y tramas asociativas que conforman una asociación individual humana constituyen, integran, conforman, la acción asociativa de esa asociación, es decir, su pensamiento. Y éste es el concepto integrado de *pensamiento,* en tanto la acción asociativa de una asociación individual humana.

La integración, entonces, es total, completa, entre *ser* y *ente,* entre psiquis y soma o cuerpo. Y entonces también lo es la des-integración, incluso hasta arribar evolutivamente a la desconexión, a la escisión. Y en esto radica la enfermedad asociativa que afecta a las asociaciones humanas.

Todas las patologías psíquicas y psicosomáticas son hoy consideradas síndromes de escisiones, como lo es la esquizofrenia, por ejemplo. Cuadros evolutivos de escisiones progresivas (podría enunciarse como de alejamiento progresivo o abrupto de los fragmentos).

Ahora bien: como ya hemos enunciado, la enfermedad asociativa (la "enfermedad única", dado que no existe patología que no provenga de la des-integración de la integración, en diversos grados de intensidad) afecta a las asociaciones-tramas asociativas humanas. Por lo que las asociaciones colectivas se enferman asociativamente, como en el caso de una pareja o una familia, o en el de una sociedad. Y también está enferma asociativamente la Asociación, escindiéndose, fragmentándose, siendo la degradación del ámbito en el que está integrada (calentamiento global, contaminación, etc.) la manifestación más visible de esta evolución. Y habiéndose convertido en rectora destinacional de la misma la conceptualidad metafísica-dialéctica.

El arribo a la escisión total del Pensamiento de la Asociación (el *ser*) y la Asociación en sí (el *ente*) se concretará como *autoextinción asociativa.* De semejante y diversa manera a como se da en las asociaciones individuales y en las colectivas que la constituyen.

VI

LA CONTAMINACIÓN METAFÍSICA-DIALÉCTICA DEL PENSAMIENTO CIENTÍFICO (INDAGADOR)

Antes de proseguir con nuestro derrotero acerca de la cuestión del tiempo y de *"su nacimiento"*, u origen, abordaremos algunos puntos del estado evolutivo del pensamiento indagador o científico.

Uno de ellos radica en que la rección condicionante (destinacional) metafísica-dialéctica sobre la trama conceptual del Pensamiento, y en este caso, del pensamiento que especulativamente denominaremos *indagador,* no sólo radica en la operatividad de una trama de conceptos de conceptos, es decir, de conceptos creados por el Pensamiento en relación con conceptos emanados de la indagación del continuo (dialéctica, y metafísica, al ser cualidades de la divinidad), y entonces meramente especulativos, como es el caso de los conceptos de *infinitud, absolutez, igualdad, atemporalidad,* etc., sino también, y fundamentalmente, de la imposición modélica de dualidades conceptuales de oposición, como es el caso de *estabilidad-inestabilidad, equilibrio-desequilibrio, orden-desorden, transición-intransición, reversibilidad-irreversibilidad,* y así sucesivamente.

Para el pensamiento integrado, cada una de estas dualidades conceptuales de oposición son creaciones del pensamiento metafísico-dialéctico. No existe en el universo físico y en su trama tal dualización, tal oposición. Por lo que no son verdaderas las representaciones conceptuales correspondientes. Y ser *verdadero* es estar integrado a la trama de la totalidad del continuo, en tanto representación de una asociación o trama asociativa integrante del mismo.

Al ser una representación no emanada de la indagación de la trama del continuo, un concepto de concepto, como por ejemplo, el de la *infinitud,* ¿no es verdadero?

Sí lo es, como cualquier otra trama que integra el continuo. Sólo que debe ser *diferenciado* en su diversidad de las representaciones o conceptos de asociaciones, tramas asociativas, cualidades asociativas, etc. que tienen existencia asociativa en el continuo.

Y es, creemos, una tarea de la Filosofía-Física mantener "viva" la lucidez de la diferenciación, para que lo metafísico-dialéctico no rija condicionadamente a lo físico, como se ha dado desde hace más de un bimilenio en el Pensamiento.

Para el pensamiento integrado se trata de unicidades conceptuales, las que deben ser consideradas cada una como una unidad y su diversidad, una diversidad que es a su vez una trama de unidades. Así, por ejemplo, la dualidad *orden-desorden* es en realidad –y en verdad– el concepto de *orden* y su diversidad, y *desorden* es un término conceptual del concepto unidad *orden*, la que se extiende desde la mínima intensidad posible (tal vez este grado esté representado por el término conceptual *desorden*) hasta la máxima intensidad conceptual posible (que tal vez sea en este caso el término *orden*).

Así, las lenguas pueden incorporar nuevas codificaciones asociativas de diversas representaciones conceptuales que representen otros grados intermedios de intensidad del concepto *orden*.

Así, por ejemplo, y en la lengua castellana, el concepto de *ver* (proveniente de la dualidad *videncia-no videncia*, o *invidencia*) es, para el pensamiento integrado, una unidad (unicidad) conceptual de una múltiple (y muy rica) diversidad: *mirar, observar, divisar, ver, distinguir, relojear, contemplar*, etc.

De este modo, el pensamiento integrado retoma la conceptualización modélica del pensamiento de los antiguos físicos-filósofos integrados griegos.

La intensidad

La trama de la diversidad de un concepto –sus términos conceptuales, que son a su vez unidades-conceptos con sus respectivas diversidades– se rige por la *intensidad conceptual* de cada término conceptual, con respecto a su concepto-unidad.

No es de ningún modo un ordenamiento jerárquico, sino un ordenamiento *relativo* a ese específico y peculiar concepto unidad y es un ordenamiento regido por la transformación asociativa, como toda asociación o trama asociativa del continuo.

Por ejemplo, si nos referimos a la trama de *ver*, desde un punto de vista (el del pensamiento indagador) el término *observar* es el de mayor intensidad conceptual, en tanto representa el "ver" indagador; pero desde el punto de vista religioso-poético es el término *contemplar* el de mayor intensidad relativa, en tanto significa "ver el templo".

Es a partir de estos fundamentos que podemos reflexionar sobre la intensidad de la contaminación de la rección condicionante metafísica-dialéctica sobre, específicamente, la trama conceptual del pensamiento indagador o científico.

No puede continuarse con semejante rección en grado ya no de condicionamiento, sino de determinación. No puede operar el pensamiento indagador con conceptos metafísicos para indagar acerca de lo físico. Y no proponemos la aniquilación, ni la neutralización, ni la deconstrucción, ni la *"des-trucktion"*, de los conceptos de conceptos metafísicos, sino al menos que no rijan determinadamente sobre este pensamiento (sobre la trama conceptual del mismo) y su operatoria indagadora.

No puede continuarse creyendo que la conceptualidad dialéctica es diversa y hasta opuesta a la conceptualidad metafísica. Y que entonces sostiene metodológicamente la verdad acerca de la trama del universo.

El universo, el continuo asociativo de la materia, no tiene, no detenta rección conceptual alguna, no está sometido a la rección de ley alguna, ni de concepto generado en el pensamiento humano. Al universo y su trama se los *descubre* por indagación del pensamiento humano (y tal vez de otros pensamientos asociativos semejantemente diversos).

Los principios de la termodinámica se originan en la

indagación de la trama del continuo. Claro que si se generan bajo una rección basada en un modelo des-integrado de la verdadera configuración-contenido del universo, en un modelo de representación enfermo asociativamente, entonces dichos principios no serán verdaderos, o lo serán parcialmente. Y esto significa que no son los principios correctos... y que se está construyendo sobre fundamentos erigidos "en un lecho de arena".

Veamos ejemplos.

Si simplificamos la primera ley de la termodinámica, la enunciaremos como que *"la energía no se crea ni se destruye, sólo se transforma"*.

El primer foco a considerar aquí es el concepto de *energía*.

Para la *Teoría* toda energía es asociativa. Vale decir que es un componente esencial –distinguible sólo especulativamente– propio y peculiar de cada asociación y trama asociativa que integra el continuo asociativo de la materia. De este modo la energía propia de una asociación o trama asociativa *se origina* con ésta –como componente esencial de ésta–, y *se extingue* con ésta.

La energía no es, entonces, una especie de *dimensión autónoma* (tal como sucede para el pensamiento metafísico-dialéctico con el tiempo), que se da en la materia pero que sólo está integrada a ésta cuando ésta la genera y la incorpora. Así, la energía adopta "el rostro" de quien la incorpora a su configuración-contenido. Y así la energía no se crea –no es creada– ni se destruye, sino que sólo adquiere la configuración-contenido de quien la origina, la requiere, la utiliza, la incorpora, la integra.

Para el pensamiento integrado, la energía es asociativa, se origina y se extingue, dado que conforma, y está integrada, a la acción asociativa (el *ser*) de la totalidad de las asociaciones y tramas asociativas constituyentes del continuo. Desde la elementalidad, que está constituida por dos partículas indivisibles de masa integradas en la *energía asociativa* que se origina (y a la vez origina) la asociación de las mismas. Es lo que integra, asociándolas, a las dos partículas indivisibles, a la vez, lo que se genera en ese acontecimiento asociativo, en esa elemental asociación que enunciamos como **2m.ea** (dos partículas indivisibles de masa en energía asociativa).

Y sí "se transforma", pero no es la energía, como componente autónomo –como cualidad "absoluta"– quien lo concreta, sino la asociación o trama asociativa que, lo que señalamos o distinguimos especulativamente como "energía", integra como componente esencial. Y en nuestra conceptualización, sólo se transforma en tanto se transforma la asociación o trama asociativa que integra, porque transmuta, extinguiéndose, cuando transmuta la asociación o trama asociativa, al extinguirse ésta.

Lo que acontece es que, para la *Teoría,* todo acto o acontecimiento de extinción es, a la vez, el acto o acontecimiento de origen de otra asociación o trama asociativa (u otras). No existe materia no asociada o en estado de disociación en el universo. Por lo que la totalidad de la trama del universo está *asociada* (conformando asociaciones y tramas asociativas) y en transmutación. Y entonces podríamos enunciar que la totalidad de la trama del universo en relación con la energía, es una trama de masa y energía asociadas que transmuta.

Entonces: *la energía se origina y se extingue, en tanto energía asociativa, transmutando con la asociación o trama asociativa que integra y conforma como componente esencial de la materia.* Tal el primer principio *integrado* de la termodinámica.

Y debemos agregar: *no puede disociarse la masa de la energía, pues su asociación constituye la materia.* Y la totalidad del universo es materia asociada y en transmutación (y no existe, ni puede tener existencia lo "inmaterial)". Es decir, es *masa-energía* asociada (bajo representación de unicidad conceptual) en la elementalidad de la materia, y materia asociada más allá de la elementalidad (en el nivel asociativo subsiguiente, desde el más básico de la complejidad asociativa –seguramente las asociaciones-tramas asociativas de las *asociaciones* subatómicas, y no "partículas"– hasta el universo o continuo en total).

Tal el primer principio *integrado* de la termodinámica, fundamentado en que *no puede disociarse la masa de la energía asociativa*. Son una misma "cosa", y se los representa como unicidad conceptual. (Incluso están integrados en configuración-contenido).

En cuanto al segundo principio, el que *"describe lo irreversible de los procesos termodinámicos"*, ya hemos adelantado que el pensamiento integrado enuncia que *toda* asociación o trama integrante del continuo está en *evolución asociativa irreversible,* puesto que ésta es el lapso que media entre el acontecimiento de origen y el de extinción de cada una de ellas, de tal modo que niega el término opuesto –la *reversibilidad*– al que considera un concepto de concepto, meramente especulativo.

La dirección de toda evolución asociativa se da, en todo el universo, en la sucesión de presentes, vale decir, en la sucesión de *crones* (para el pensamiento integrado el *cron* es la unidad elemental del tiempo, una unidad física, que no es sino el *tiempo asociativo,* o lapso entre el acontecimiento de origen y el de extinción de una asociación elemental **2m.ea** en traslación por la trama de espacios que constituyen la trama del espacio total del continuo).

No hay *"reversa"* en la sucesión de crones o presentes que van conformando el tiempo asociativo del universo (o lapso entre el acontecimiento de origen y de extinción del mismo). Esta sucesión es *irreversible* en el universo, y en la totalidad de los casos, sin excepción alguna (y no sólo en los procesos termodinámicos, como asegura el segundo principio de la termodinámica clásica).

La totalidad de lo representado por el pensamiento indagador o científico debe ser revisado, comprobado, y vuelto a reflexionar, apartándolo lo más posible de toda rección, y específicamente, en los últimos veinte siglos, de la rección determinante (creída condicionante y destinacional) de la conceptualidad metafísica-dialéctica.

Sostenemos que este acontecimiento de retorno a la mayor integración posible del Pensamiento de la Asociación con la trama –la configuración-contenido– del continuo asociativo de la materia, se dará a través de una integración del Pensamiento por medio de un pensamiento integrado, y provocará una transmutación de éste, vale decir, una transformación de gran intensidad, de tan casi inconcebible intensidad que se expresará como un "salto" cualitativo de la capacidad asociativa de su Pensamiento.

Un apocalipsis conceptual del Pensamiento, y de la Asociación (o *ente*) del cual éste es su acción asociativa o *ser*.

VII
HACIA EL TIEMPO

Popper señala que el tiempo no puede ser una ilusión. De lo que se concluye que el tiempo es una realidad.

Aristóteles, en su *Física*, afirma que el tiempo es el estudio del movimiento según el antes y el después. Pero como anota Prigogine, ¿de dónde procede esta perspectiva del antes y del después?

Einstein, retomando el mismo interrogante, se pregunta: *"¿dónde está el tiempo?"*, e insiste: *"¿tal vez en la física?"* Pero se responde que no.

Sin embargo, y en principio, "corregiríamos" este enunciado diciendo que "¿tal vez en lo físico, en la *phisis*?"

Einstein insistiría: *"El tiempo no está en la física"* (conversaciones con Carnap). Pero insistimos nosotros también: ¿estará en la *phisis*? Es decir: ¿es el tiempo un acontecimiento físico?

Existen argumentos: si se acepta que el tiempo, en cuanto a reversabilidad, es ilusión, es decir ficción, vale decir, concepto especulativo, entonces no puede ser objeto de la Física, de la ciencia.

Y en esto –como dice Prigogine– coinciden Einstein, Henri Bergson y Heidegger. Rotundamente, Bergson afirma que el tiempo no puede ser objeto de la ciencia porque... es demasiado complejo para el pensamiento científico-indagador.

Prigogine, en cambio, se esperanza en que la Física está *"entrando en un periodo de resistematización conceptual"*, debido a que se ha concluido en *"el papel constructivo de estos fenómenos irreversibles"*. Lo que significa que persiste la rección condicionante (y entonces creída propia del orden natural) de la conceptualidad metafísica-dialéctica, en tanto se acepta la existencia de la dualidad de oposición: [*los acontecimientos reversibles - los acontecimientos irreversibles*], siendo estos últimos los que provocan la organización de algunas regiones del espacio, y la conformación de estructuras.

Prigogine afirma que *"estos fenómenos irreversibles nos pueden dar aquella perspectiva del antes y el después"* que buscaba Aristóteles. Y agrega que *"todos están* (hoy) *de acuerdo con la importancia del tiempo"*.

En realidad, lo que está proponiendo Prigogine, casi como una obsesión, es acerca de la trascendencia del concepto de *irreversibilidad,* proponiendo –preguntándose– si no debería estar *"en la base de la mecánica cuántica, de la mecánica clásica, de la relatividad"*, debido a que *"ya no podemos considerar el tiempo como una aproximación"*.

Y agrega algo de fundamental importancia: *"Deberíamos considerar el tiempo como aquello que conduce al hombre, y no al hombre como creador del tiempo"*.

Sin embargo, las opiniones son divergentes en este aspecto.

Mientras que el físico John A. Wehler sostiene *que "es el observador, el hombre, la conciencia, la que crea el tiempo, el cual no existiría en un universo sin hombres y sin conciencia"*, para Prigogine, al contrario, el hombre integra esta corriente de irreversibilidad en tanto *"uno de los elementos esenciales, constitutivos del universo".*

La polémica es de tal intensidad –y trascendencia– que se retorna *"a las fuentes del pensamiento filosófico occidental".* Y entonces, después de recorrer el pensamiento de Aristóteles, y dejar atrás la polémica entre Bergson y Einstein, se regresa a las preguntas (y no afirmaciones) del primero: ¿el tiempo es esencial, y en este sentido, no es nunca científico?; y del segundo: ¿el tiempo es accesorio?

Prigogine afirma, a continuación, que *"el tiempo sí es un objeto de la ciencia".* Por lo que debe deducirse que el tiempo es un acontecimiento del mundo físico, material, en tanto es la ciencia la encargada de indagarlo.

Pero el físico ruso se basa en un razonamiento evidentemente regido por la rección condicionante metafísico-dialéctica, parte de su propio fundamento (del que él cree haber descubierto, tal vez, la importancia del mismo) que es el concepto de *irreversibilidad* como cualidad esencial del universo. Aunque en realidad se trata de la dualidad conceptual metafísica-dialéctica: *irreversibilidad-reversibilidad,* en la que él establece el orden jerárquico de la mayor jerarquía para el primer término, y de la menor jerarquía para el segundo término, que él asigna a *"casos particulares"* en el universo.

¿Qué casos particulares?

¿Qué casos de reversibilidad? ¿Cuáles de *"involución"* o en "evolución reversible"? (porque los de irreversibilidad son evolutivos).

¿O en realidad son casos de *inmutabilidad, infinitud, atemporalidad* (sin tiempo, o fuera del tiempo, en un metatiempo)?

Pero Prigogine insiste. Y en su insistencia deja en claro nuevamente el imperio rector, en la Física, en la Química, de las dualidades que conforman la totalidad de la trama conceptual con la que su pensamiento piensa. Así, genera, o acepta la generación de la dualidad *equilibrio-no equilibrio.* Y agrega que muchos de los fenómenos (que *"hoy día la física sólo ha comenzado a explorar"*) *"no son comprensibles si no es teniendo en cuenta el no equilibrio"*.

Pero no se conforma con esta aseveración y va aún más allá. Afirma: *"Un sistema en equilibrio no tiene y no puede haber tenido historia: no puede más que persistir en su estado, en el cual las fluctuaciones son nulas"*.

No tener historia significa para este científico no tener evolución alguna. Y no haber tenido origen y no tener jamás extinción. Es decir: un fenómeno *inmutable, atemporal, eterno,* y así sucesivamente. De lo que puede deducirse que todo fenómeno de equilibrio, o en equilibrio, es un fenómeno metafísico, es decir, más allá de lo físico.

Una grave alteración en la trama conceptual de este pensamiento indagador para arribar a tal convencimiento acerca de la unidad dual conceptual conformada por lo *físico-metafísico* como explicación de la configuración-contenido del universo.

VIII
POR FIN EL TIEMPO

Vamos a concluir con las reflexiones acerca del pensamiento del científico Ilya Prigogine aproximándonos a una conferencia dada en Milán en 1984 *(Tusquets editores),* que denominó *"El papel creativo del tiempo"*. Y trataremos de ceñirnos al concepto del tiempo o de lo temporal, puesto que no deseamos tramarnos con una evidencia de la que consideramos una intensa confusión conceptual del pensamiento indagador o científico, el que consideramos que ha llegado a un punto tal que nos es prácticamente inabordable, por sus graves contradicciones, y la aplicación de la rección condicionante metafísica-dialéctica ya en un grado que parece no tener posibilidad de ser, aún en parte, recuperada la integración con la trama del continuo.

Prigogine cita a Jean Starobinski en un fragmento que sintetiza la rección conceptual condicionante, destinacional sobre el pensamiento indagador con extrema claridad.

En un texto de 1983 titulado *"Orden y desorden"* dice Starobinski: *"Hoy no existe ningún campo –ciencias físicas, humanas, creación artística, instituciones jurídicas, vida económica, debates políticos– cuyos problemas no parezcan apelar a las nociones antagonistas del orden y del desorden, o a aquéllas, más flexibles pero no por ello menos antinómicas, del equilibrio y del desequilibrio. Todo nos lleva a creer que estas nociones son indispensables para interpretar el conjunto de las realidades que se presentan en nosotros o en torno a nosotros".*

El orden y el desorden, el equilibrio y el desequilibrio, lo estable y lo inestable, el caos y el cosmos: uno y su opuesto. ¿Tal la configuración-contenido del universo desde este pensamiento, desde esta mirada, desde esta lente?

Prigogine –después de reafirmar la conceptualidad que lo rige al enunciar *"la energía recibida del sol"*, creyendo que la energía es autonómica, cuando para el pensamiento integrado debiera enunciarse como *la materia recibida del sol*– arriba finalmente a la cuestión del tiempo.

Y dice: *"... la vida ha creado el tiempo..."* (y se refiere a que *"esto ha podido suceder gracias a la creación de las biomoléculas"* –¿a la creación por Dios?–).

Luego, basándose en que la irreversibilidad ha roto la simetría espacial de las biomoléculas o moléculas orgánicas (dado que éstas *"deben leerse de izquierda a derecha"*) asegura que esa ruptura *"es la expresión de la ruptura de simetría entre pasado y futuro".*

Y culmina el fragmento sosteniendo que *"En todos los fenómenos que observamos vemos el papel creativo de los fenómenos irreversibles, el papel creativo del tiempo".*

Veamos a qué se refiere.

Para él, la irreversibilidad es una "manera" metafísica-dialéctica (*reversibilidad-irreversibilidad*) de referirse a la evolución (asociativa para nosotros) que rige la totalidad de la trama del continuo. Esta constante (y global) evolución de la totalidad de los "fenómenos" –en transmutación asociativa para nosotros– expresa, para este científico, la existencia de procesos que se dan inexorablemente en el tiempo, por lo que señalan la existencia de esa "dimensión" que crea la evolución de los fenómenos.

Se reconoce el aporte de Einstein que implica un "acercamiento" del tiempo a la materia, un paso más del pensamiento hacia la integración del tiempo con la materia.

Es a partir de este reconocimiento que el pensamiento científico "de vanguardia", pos-Einstein, se ha lanzado a reflexionar –en los campos de la indagación– y a generar argumentos de aplicación del enunciado de Einstein.

Pero bueno... asegurar la ruptura de la simetría espacial de las biomoléculas como causante de la ruptura de simetría en lo temporal, *"entre pasado y futuro"*... y asignar a la vida, a lo viviente la creación del tiempo... es demasiado, demasiada rección metafísica-dialéctica, y demasiada confusión conceptual.

Finalmente, de la evolución de este texto de Prigogine hasta su final, podemos aún señalar algunos puntos.

El primero es su reconocimiento acerca de lo que Einstein había planteado en cuanto a la relación entre *"los problemas del espacio-tiempo y de la materia"*.

El segundo se plantea como un avance en esta dirección al afirmar que *"la irreversibilidad expresa también una estructura del espacio tiempo"*.

El tercero radica en la afirmación de que el segundo principio de la termodinámica (todo el universo está en evolución irreversible e imprevisible) debe ser comprendido no como evolución irreversible equivalente a corrupción (en el significado conceptual de los físicos griegos) sino equivalente a construcción, a desarrollo de una progresiva complejización (para nosotros, asociativa).

Prigogine afirma que del equilibrio (que cree caracteriza a *"los primeros instantes del universo"*) se pasó rápidamente a *"un universo de no equilibrio"* (de desequilibrio). Vale decir que de un estadio de orden, equilibrio y simetría (¿metafísica?) se pasó a una ruptura de esta simetría, estableciéndose el desorden, el desequilibrio y la asimetría (¿física?). Supone, entonces, que la asimetría posibilita la evolución irreversible de todo el universo, la que posibilitó la complejización de los objetos o "cosas" materiales y que si hubiese continuado la simetría (si no se hubiese dado la ruptura de ésta) *"no habría objetos en un universo en equilibrio"*.

Y agrega, en un fragmento con el que el pensamiento integrado coincide: *"La evolución del universo no ha sido en la dirección de la degradación sino en la del aumento de la complejidad, con estructuras que aparecen progresivamente a cada nivel, de las estrellas y las galaxias a los sistemas biológicos"*.

Y finalmente arribamos a un concepto del tiempo que le otorga a éste *"el papel creativo"* en el universo.

¿Por qué?

Porque si el tiempo es el transcurso de los fenómenos irreversibles que constituyen todo el universo, y estos fenómenos están entonces en una evolución constante (e irreversible) son en realidad, esencialmente, *fenómenos temporales*. Y si en ellos se da la cualidad de la constante complejización *("procesos siempre nuevos de transformación y de aumento de la complejidad")* entonces es el tiempo quien ha creado y continúa creando el universo.

Así, para Prigogine, *"el tiempo no es ilusión* (el tiempo-ilusión de Einstein), *ni disipación* (corrupción, degradación de la entropía, según la física clásica), *sino creación"*. Y *"precede al universo"*.

IX
¿EL TIEMPO COMO ILUSIÓN?

Vamos a aproximarnos al pensamiento de Einstein en relación con el tiempo.

En un artículo publicado en 1905, Einstein afirmó que *no hay (no existe) tiempo absoluto,* y que *espacio y tiempo son conceptos relativos.* Posteriormente afirmará que *existe un absoluto en la naturaleza* (en lo físico), y es *una velocidad, que se da entre espacio y tiempo.*

Vamos a detenernos aquí para reflexionar.

Para el pensamiento integrado la dualidad conceptual *absoluto-relativo* es una dualidad de oposición entre términos opuestos y polares, relacionados en una trama jerárquica en la que uno de los términos detenta mayor jerarquía que el otro.

Tal jerarquía deviene (o proviene) de la rección determinante-condicionante que ha ejercido y ejerce la conceptualidad metafísica-dialéctica sobre la totalidad de las dualidades conceptuales que existen, y, desde hace más de veinte siglos, conforman la trama conceptual de los pensamientos individuales y colectivos, y entonces la del Pensamiento de la Asociación.

En esta dualidad, el término conceptual de *lo absoluto –la absolutez–* es el de mayor jerarquía. Y representa *una cualidad* de Dios, de la divinidad en tanto concepto Unidad. Tal como los términos conceptuales *infinitud, igualdad, inmutabilidad, atemporalidad,* y así sucesivamente. Por lo que asignamos su creación –y entonces la creación de la dualidad– al *pensamiento metafísico* (y así a la conceptualidad metafísica).

Pero la creación especulativa (no emanada de la indagación del continuo) de esta dualidad, de oposición jerarquizada (Dios-naturaleza, Dios-mundo, Dios-hombre) se constituyó en fundamento de un pensamiento diverso en la semejanza, o semejante en la diversidad al pensamiento metafísico: el *pensamiento dialéctico,* el que generó las dualidades, sin hacer referencia a Dios, o a cualidades de Dios, y afirmando que los términos conceptuales de mayor jerarquía de todas esas dualidades emanaban indudablemente de la indagación de la trama del universo, y entonces eran cualidades físicas –representaciones conceptuales provenientes de la naturaleza–, tales como los términos de menor jerarquía de las dualidades, como *finitud, temporalidad, materialidad, diversidad, transmutabilidad, relatividad,* y así sucesivamente.

La jerarquía, el orden jerárquico conceptual en las dualidades, entonces, era (y es) considerado una cualidad relacional del universo, de la naturaleza. Pero lo esencial de tal relación dual era que ambos términos de cada dualidad se oponían entre sí, se enfrentaban, y que esta oposición, este enfrentamiento, esta pugna, esta agonía, explicaba la dinamicidad de todo lo que integraba el universo, el permanente estado dinámico del mismo.

En consecuencia, a mayor o más intensa dinamicidad generada por lo opuesto, por los términos enfrentados, mayor actividad, y mayor dinamicidad, de la materia, y de los objetos y relaciones materiales. Y entonces más intensa energía.

De este modo, y a partir de la diversidad en la semejanza conceptual entre ambos pensamientos (señalados especulativamente de este modo) el pensamiento integrado, desde la *Teoría,* los nota como *pensamiento metafísico-dialéctico.* Y enuncia que desde Platón (o con más precisión, desde Parménides-Platón), es decir, desde hace al menos más de veinte siglos, y hasta la actualidad, *rigió determinadamente,* al principio de su evolución a la trama conceptual del Pensamiento.

Para el pensamiento integrado, tal rección (que ha llegado a ser considerada *condicionante, o destinacional*) conforma un estadio evolutivo de la Asociación, el que debe arribar al acontecimiento de su transmutación (o *apocalipsis,* en la concepción de los griegos antiguos) extinguiéndose y originando el siguiente estadio, en el que no rija condicionadamente el pensamiento metafísico-dialéctico, sino un *pensamiento integrado* en mayor aproximación conceptual a la verdadera configuración-contenido del universo, que la *Teoría* denomina *continuo asociativo de la materia.*

Ahora bien: cómo abordar el pensamiento de Einstein desde el pensamiento integrado, si para este pensamiento el concepto de *absoluto* es un concepto de concepto, o un término conceptual, creado, imaginado por el Pensamiento, y no proviene o emana de la indagación de la trama del continuo.

Es más: el pensamiento integrado puede considerar que el término conceptual *absoluto* es la codificación asociativa de un grado de intensidad de *lo relativo*. Así, la menor intensidad posible en la diversidad de la unidad (unicidad conceptual) *lo relativo,* es el término conceptual *absoluto* que integra la diversidad de esta unidad. (Pero esto implicaría que *lo absoluto* perde su mayor jerarquía evolutiva sobre *lo relativo*).

Ahora bien: si no existe el concepto de *absoluto,* o de *lo absoluto,* en la trama del universo, cómo considerar la afirmación de Einstein de que no hay tiempo absoluto, pero sí "*una velocidad que se da entre espacio y tiempo*", la que debe ser considerada *absoluta.*

Einstein, en realidad, piensa bajo la rección metafísico-dialéctica bimilenaria, y no cuestiona, sino que acota, la dualidad conceptual de oposición *absoluto-relativo.* Sólo cuestiona, finalmente -desde el punto de vista de la conceptualidad establecida- el orden jerárquico entre los términos de la dualidad. Afirma que no existe la *absolutez* total (¿absoluta?) –como afirmaba la física clásica– porque hay acontecimientos en la naturaleza que se caracterizan por ser *relativos,* siendo asimismo relativos en su representación. Y señala al espacio y al tiempo.

Y ésta es la gran ruptura de Einstein. Una ruptura de la conceptualidad del pensamiento indagador, especulativa, al menos hasta su comprobación. Ruptura, entonces, que podríamos asignar al pensamiento filosófico, aunque para la

Integración, Física y Filosofía conforman una unicidad conceptual integrada (tal como lo económico y lo político, según la proyección imaginativa de Marx en la carta a un amigo).

Toda la trama del universo –para el pensamiento integrado– está regida por el concepto de *lo relativo*. La totalidad de la materia que lo conforma.

Sin embargo, Einstein "insiste" en la realidad de la dualidad conceptual metafísica-dialéctica de *lo relativo-lo absoluto*. Y avanza en sostener –tal su "avance" evolutivo conceptual– que existe comprobadamente dicha dualidad. Y que si bien hay fenómenos relativos, también, desde la Física, existe *lo absoluto*. Y en este caso afirma –como ya adelantamos– que es una velocidad, que es *absoluta*, y que se da entre el espacio y el tiempo, que son *relativos*.

Una velocidad que es un cociente entre el espacio y el tiempo: la velocidad de la luz.

Veamos entonces: ¿qué significa el concepto *absoluto* para Einstein?

Significa que Einstein cree que el universo es *infinito*, y que la *relatividad* es sólo uno de los términos conceptuales de la dualidad de oposición *absoluto-relativo*; y que existen puntos *inmateriales* e *inmutables* que sirven de referencia para medir la velocidad, por ejemplo, y que... bien, y así sucesivamente. Lo que no implica que tenga razón, ya que lo relativo, los fenómenos relativos, existen, no pueden negarse. Y lo absoluto no impera como unicidad conceptual sin su término de oposición y *realidad*, que es *lo relativo*.

El concepto de *absoluto* no representa a "algo" emanado de la indagación de la trama del continuo por el Pensamiento, puesto que no rige en el ámbito de lo físico (objeto de la indagación), sino en el ámbito de lo metafísico.

¿Cómo Einstein aceptó tan grave contaminación conceptual? ¿Hasta tal punto la comunidad de científicos y la conceptualidad de la indagación incorporó la rección determinante –entonces ya no condicionante–, de la conceptualidad metafísico-dialéctica? ¿Ha sido, y es, un convencimiento consciente de lo que se consideró destinacional del

Pensamiento y verdadera trama configuracional del universo, o ha sido y es una simulación? (aceptar como ropajes los que no nos corresponden).

Porque lo que se ha aceptado y se acepta (en este caso por el pensamiento indagador) expone clara y rotundamente una patología de *des-integración* con respecto a la configuración-contenido del continuo (¡en este caso por el pensamiento indagador, o científico!).

Una alienación creciente. Un telescopio con un espejo alterado que nos evidencia estrellas que no existen, pero que "se ven", estamos seguros de verlas, de su "absoluta realidad".

Einstein aplica el concepto de *absoluto* en el claro sentido de que se cumple siempre, en todos los casos, sin excepción alguna. Y que es "absolutamente" necesario tal *absoluto* en la naturaleza para –según sostienen los científicos– *"referir nuestras medidas"*.

Vale decir: es necesario algo inmutable para referir todo lo transmutable; un tiempo absoluto para referir todo lo temporal relativo, un espacio absoluto para referir la relatividad de todo espacio, y así sucesivamente. Y de tal modo se pensó, en una cantidad de acontecimientos, hasta que Einstein completó un poco más la "lista", asegurando (descubriendo) la "absolutez" en el caso de la velocidad del movimiento (de la materia, para el pensamiento integrado). No se había encontrado tal grado de intensidad conceptual en este caso. Y el logro de Einstein fue éste: encontrar el grado de *absoluto* en la velocidad de movimiento del universo: la velocidad de la luz.

Este último es, al menos, un sendero reflexivo.

Una reflexión

Es muy significativo que, en el ámbito de la conceptualidad metafísica-dialéctica, cuyo modelo configuracional es la dualidad de oposición, cuando se intensifica el término de mayor jerarquía de los dos hasta el punto de tornar al otro, al par opuesto, practicamente inexistente (o hasta inexistente, transmutando a unicidad conceptual) se origina una alteración de creciente intensidad hasta que de una manera u otra, transformadoramente, se retorna al modelo de dualidad de oposición, en su relación jerarquizada y fuera del modelo esencial en que el término de mayor jerarquía es una cualidad divina, o la representa, acontece que la jerarquía asignada a un término puede transladarse a su opuesto.

Este acontecimiento, tan significativo en el ámbito de la rección metafísica-dialéctica de dualidades de oposición, se expone en numerosos casos, como el de la física, que evolucionó hacia la rección total y única de *lo absoluto,* y a partir de Einstein retornó a la rección de la dualidad *lo absoluto-lo relativo;* como el de la teoría-praxis política en las asociaciones colectivas sociedades que de una *desigualdad absoluta* fue tranformada en una relación de *igualdad-desigualdad* (retomando a la dualidad como modelo configuracional) por la Revolución francesa; como el de la consideración de la *igualdad* como unicidad conceptual por la Revolución Cultural china de las décadas de 1960 y 1970, y el retorno a la rección de la dualidad *igualdad-desigualdad,* al fracasar la misma, Y así sucesivamente.

Otro sendero reflexivo reside en focalizarnos en que el grado de absoluto al que Einstein se refiere es una velocidad, sí, pero en tanto la misma es un cociente entre espacio y tiempo. Vale decir que tal velocidad, que es la de la luz, está integrada al espacio y al tiempo. *Integración* entonces de espacio, tiempo y velocidad de propagación de la luz –término absoluto–, que implica la relatividad del espacio y del tiempo (los otros dos términos). Por lo que se concluye en que al tornar absoluta la velocidad de propagación de la luz, establece la relatividad de los otros dos términos, evaluados por el Pensamiento (y en especial por el pensamiento científico) metafísicamente como absolutos, hasta entonces.

Así, en la integración de los tres términos devenidos en dos –en realidad una dualidad, dos términos: la *velocidad de propagación de la luz,* un término, y lo *espacio-temporal,* el segundo término– queda establecida la dualidad metafísica-dialéctica: *absoluto-relativo,* en la que el término *absoluto* detenta mayor jerarquía que el término *relativo,* aunque Einstein transmuta el ordenamiento jerárquico conceptual (es decir, de las representaciones) y establece a *lo relativo,* a *la relatividad,* como de "mayor importancia (jerarquía)" que la *absolutez,* en tanto *la relatividad* de los fenómenos espacio-temporales es un foco transformador (si es relativo, transmuta, y entonces... es necesario, a este pensamiento, un punto, término o relación referencial que "se esté" quieto para siempre).

Es aquí, en este foco, donde parece dirimirse todo lo propuesto. Y para el pensamiento integrado, *lo que se dirime es esencialmente conceptual. Y endógeno a la conceptualidad metafísica-dialéctica bimilenaria.*

La afirmación de Einstein acerca de que la luz tiene velocidad finita, no señala que el concepto de la *infinitud* es especulativo, un concepto de concepto, sino que existe la *finitud* como término conceptual de la dualidad *infinitud-finitud*. Es decir: la luz no tiene velocidad infinita, pero la infinitud existe, para él.

Ahora bien: si el universo es infinito y la velocidad de propagación de la luz es finita, ¿significa esto que un haz de luz, propagador de esa luz a través del espacio, tiene una velocidad limitada (finita) al propagarse a través de un universo sin límites (infinito)?

Al establecer límites (finitud) a la velocidad de propagación de la luz, Einstein propone que la *infinitud* radica en el universo, entendiéndose éste como sin límites (aunque no el concepto de *ilimitado* de los filósofos-físicos griegos integrados).

¿Cuál es, para nosotros, el aporte fundamental de Einstein?

El haber dado "un paso" más en *la integración conceptual* de la materia (lo físico) al espacio y al tiempo. Dicho desde otra aproximación: el tiempo *es relativo en relación con* la individualidad de cada acontecimiento que se da en la naturaleza. O bien: cada acontecimiento detenta un tiempo propio y peculiar a la configuración-contenido de dicho acontecimiento.

Einstein –como lo hará luego por ejemplo Heidegger en la relación entre *ser* y *ente*, erigiendo a este último en el término de mayor jerarquía de la dualidad *Ser (Dios)-ente*, al convertir al *ente* en un *"ente en total"*, es decir único (un término que reúne toda jerarquía posible por ser único, prácticamente, al reducir al *ser* de ese *Ente* a un *es* meramente copulativo)– erige el concepto de *relativo* (y *relatividad*) a una jerarquía que antes detentaba el opuesto en la dualidad: *lo absoluto* (aunque éste es sostenido, claro que habiéndolo despojado de su rección determinante.)

Así Einstein provoca la ruptura del ordenamiento impuesto por la conceptualidad metafísico-dialéctica (la que rige a la física clásica) hasta ese momento. Y no alcanza esta ruptura al proponer que la velocidad de propagación de la luz es finita, y limitada, sino al integrar a aquélla con los conceptos (hasta entonces absolutos) de *espacio* y de *tiempo* (desde él relativos).

Vale decir que si la velocidad de propagación de la luz no es absoluta, tampoco lo serán el espacio, por donde ésta se propaga, y el tiempo, o lapso de la propagación. Más allá de que el universo siga siendo considerado infinito, es decir, absoluto.

Insistimos: al acercar (integrar más) el tiempo, considerado hasta entonces absoluto, a la trama de los acontecimientos físicos, propios de la materia, y relativos a su trama o configuración-contenido, enunció al tiempo como *no absoluto*, sino *relativo* a la trama de cada uno de esos acontecimientos físicos.

Aproximaciones al origen

Es muy significativo que el más reciente descubrimiento de la Física (principios de 2014), referido al acontecimiento del origen del universo, acontecimiento que, según el pensamiento integrado, tuvo a su vez necesariamente un acontecimiento de origen, y evolucionó asociativamente hasta su acontecimiento de extinción, enuncia que según las mediciones de las ondas gravitacionales en relación con un tiempo brevísimo de dicha evolución del origen, la expansión –en realidad la GEA– en que consistió dicho acontecimiento de origen del universo debió necesariamente alcanzar velocidades de expansión de la materia muy superiores a la de la luz, convirtiéndose ésta en una velocidad extrema (y tal vez uniforme) que se torna estable a la evolución asociativa del universo, una vez cumplido dicho acontecimiento de origen del mismo.

Si esto así fuese, entonces la velocidad de la luz no es "absoluta", sino *relativa*, lo que concuerda con lo sostenido por el pensamiento integrado, al referirse a la traslación de la materia en estado elemental por el espacio del universo, pos acontecimiento del origen.

La llamada velocidad de la luz sería entonces la velocidad de traslación de la materia por el espacio del universo una vez completado el acontecimiento del origen de éste, es decir, lo que la *Teoría* denomina *Gran Expansión Asociativa*.

Marzo de 2014

X
DIVERSIDADES DE LA TEORÍA TRANSFORMACIÓN-PRESERVACIÓN

Estamos persuadidos de que la *Teoría de la Integración*, a través del pensamiento integrado, da el paso final a la integración en este caso del *tiempo* a la trama del continuo. Y que si el paso de Einstein provocó una gran transformación, este paso de la *Integración* generará una transmutación del Pensamiento y los pensamientos que lo integran.

Concretaremos una aproximación a la integrada *Teoría Integrada de la materia, el espacio y el tiempo.*

El primer punto a señalar es que la *Teoría* avanza –endógenamente a la unicidad conceptual *Física-Filosofía*, o *Filosofía-Física*– desde la Filosofía hacia la Física.

¿Por qué?

Porque reconoce, descubre, que la representación conceptual de la trama (configuración-contenido) del universo, se remonta, en su acontecimiento de origen, a más de veinte siglos atrás, durante los cuales ha regido determinadamente (aunque se ha creído que condicionadamente o destinacionalmente) la trama conceptual del Pensamiento de la Asociación, mediante una conceptualización metafísica-dialéctica que ha asignado la dinamicidad (el cambio constante) de la naturaleza, de la *physis*, al enfrentamiento entre opuestos configurados en una dualidad o unidad dual.

La *Teoría*, entonces, ante las crecientes señales de lo que ella denomina *Enfermedad Asociativa* (o Enfermedad Única) en el Pensamiento de la Asociación, y en la evolución asociativa de ésta, ha descubierto que se está ante un acontecimiento de transmutación, consistente en el acontecimiento de extinción de esa representación bimilenaria en intensidad de determinación-condicionamiento (y hasta destinacional), y el acontecimiento de origen de una representación de la trama del universo más cercana, más próxima, más integrada, más verdadera, entonces.

La trama conceptual metafísico-dialéctica ha de extinguirse finalmente en su *determinación* (después de extinguir la intensidad de condicionamiento destinacional) sobre la trama conceptual del Pensamiento para ser reemplazada por una trama conceptual más integrada, crecientemente menos enferma de la patología asociativa que afecta a aquélla.

La cualidad constante esencial de la materia que conforma e integra la totalidad del universo (el continuo asociativo de la materia), la que genera toda dinamicidad de la misma, es la *asociación transmutativa* (asociarse y transmutar, transmutar asociándose). La dinamicidad (el "*todo cambia*") no se genera por oposición, por el enfrentamiento de opuestos (la cualidad esencial de oponerse y enfrentarse, es decir, no acordar) sino por la cualidad de *asociarse-transmutar* (de acordar, cambiando por ello). Las relaciones son en todo el universo, este universo, asociativas, es decir, de asociarse o no asociarse de acuerdo con la configuración-contenido de las asociaciones o tramas asociativas que integran y conforman la totalidad del continuo. Vale decir: tramas ya resueltas, originadas por asociación.

La totalidad del universo es una trama asociativa o

asociación de asociaciones. No existe materia disociada o en disociación. La cualidad esencial de este continuo es la aptitud, la pulsión, la necesidad de asociarse y transmutar, asignada especulativamente a las acciones asociativas de las asociaciones o tramas asociativas.

En todo acontecimiento de asociación (preferimos *acontecimiento* a *acto,* ya que todo acontecimiento asociativo es una trama que se origina, evoluciona asociativamente, y se extingue), el lapso entre su origen y su extinción constituye su *tiempo asociativo* –o tiempo de su *existencia asociativa*–.

En consecuencia, el tiempo –siempre tiempo asociativo– está integrado a la trama asociativa de la materia. Y no tiene existencia asociativa fuera, más allá de la materia asociada.

El pensamiento integrado afirma que en toda asociación o trama asociativa que constituye la trama total del continuo y en este mismo, en tanto trama asociativa unidad, se distinguen, especulativamente, dos términos, los que se corresponden con los términos del pensamiento griego integrado *ser-ente* o *ente-ser*: la *asociación,* o *trama asociativa* (el *ente*), y su *acción asociativa* (el *ser*).

Toda asociación o trama asociativa expresa y concreta su aptitud, su capacidad, su pulsión a asociarse a través de su acción asociativa.

¿Por qué se diferencia una *asociación* de una *trama asociativa*?

La *Integración* denomina específicamente *asociación* a toda *asociación elemental* de la materia, vale decir, a una asociación no integrada por otras asociaciones (por lo que entonces no constituye una trama). Y *trama asociativa* a la integrada por otras asociaciones. Existe una elementalidad en las tramas asociativas, seguramente aquéllas integradas por dos asociaciones elementales asociadas.

En consecuencia, siendo el continuo o universo la *Unidad* de la totalidad de las asociaciones y tramas asociativas –y siendo, en consecuencia, *finito,* aunque para nosotros aún *ilimitado* (en el concepto griego integrado)– el "otro extremo" del mismo lo constituye la *unidad elemental*, es decir, las asociaciones elementales.

Asimismo, para el pensamiento integrado, toda asociación y trama asociativa necesariamente se han originado en un acontecimiento de origen, e inexorablemente se han de extinguir en un acontecimiento de extinción.

La *eternidad*, la *inmutabilidad*, la *inmaterialidad*, la *infinitud*, la *igualdad*, la *atemporalidad*, la *absolutez* y así sucesivamente, son conceptos de conceptos, representaciones creadas por el Pensamiento en oposición a representaciones emanadas de la indagación de la trama del continuo, y comprobadas (o en un intenso grado de comprobación) en cuanto a su realidad y a la verdad de su representación. Aunque la *Metafísica Integrada* estudia y reflexiona acerca de esta capacidad creadora de representaciones del Pensamiento, y especialmente su intensa capacidad de rección determinante-condicionante, configuracional sobre las representaciones conceptuales surgidas, originadas en la indagación del continuo por ese mismo Pensamiento. Acontecimiento de tal intensidad que impone el grado de *condicionamiento destinacional* al concepto de *determinación*, como un término opuesto, y de mayor jerarquía, cuando sólo es, en todo caso –y explicitándolo claramente– el grado de mayor intensidad conceptual perteneciente a la diversidad de la unidad conceptual *determinación*, o *rección determinante conceptual*.

Otro concepto integrado que representa una cualidad esencial de la materia asociada es el de *transmutación*. Como ha descubierto la *Teoría* en relación con el "orden modélico" del continuo, u "orden natural", la configuración contenido del continuo, su trama endógena, la que es representada conceptualmente por la configuración de la *Unidad* y su trama de unidades en la diversidad, o su diversidad de unidades constituyentes, cada una de las cuales es, a su vez, una unidad con su correspondiente diversidad –tal el modelo integrado–, la unidad conceptual *transmutación* está integrada por la unidad de su diversidad *transformación*, la que puede definirse como un grado de intensidad conceptual de la unidad a la que pertenece e integra.

Así, *transformación* es un grado conceptual de la *transmutación* que descubre acontecimientos de cambio que se dan endógenamente en una trama asociativa (como una sociedad) sin constituirse en el acontecimiento de extinción de la misma.

Nota

La *Teoría* utiliza el concepto de *transformación*, en tanto unidad conceptual de la diversidad del concepto de *transmutación*, como un concepto peculiar a las tramas asociativas humanas. Y lo mismo debe aplicarse al concepto de *preservación* de la *transformación*, en tanto unidad de la diversidad de este último concepto.

Por ejemplo, si se considera que la extinción de la identidad asociativa o identidad individual de una trama asociativa señala el acontecimiento de extinción de la misma, éste no es un acontecimiento de *transformación*, sino de *transmutación*. Pero todo acontecimiento de cambio que se concreta en la evolución asociativa (y entonces tiempo asociativo) de una trama asociativa, sin ser (o constituirse en) el acontecimiento de extinción de ésta, es para el pensamiento integrado un acontecimiento de *transformación*.

A su vez, la unidad conceptual *transformación* está integrada en su diversidad por el concepto de *preservación* de lo transformado, dado que en la evolución asociativa de un acontecimiento de transformación éste se transforma en un acontecimiento de preservación de la transformación, de lo transformado, es decir del mismo acontecimiento en sí.

Así, ha sido propio de la rección conceptual metafísica-dialéctica determinante-condicionante el considerar a estos dos conceptos como una dualidad de oposición, cuya dinamicidad radica en esa oposición, en la pugna entre ambos: lo que transforma y lo que se opone a la transformación (*revolucionarios-contrarrevolucionarios*; *progresistas y conservadores*, etc.)

Para la *Teoría de la integración transformación* y *preservación* integran un mismo concepto, una unicidad conceptual, en tanto lo que preserva una transformación es lo que ha concretado la misma.

En una sociedad, los preservadores preservan una transformación concretada por ellos mismos. Toda transformación deviene en preservación de lo transformado.

Tal preservación de lo transformado es, en realidad, lo que, desde la configuración-contenido de la trama correspondiente, puja o pulsiona para que ésta perdure asociativamente. Es decir, para que no alcance el grado de transmutación que señale su extinción asociativa.

De ahí que toda trama asociativa se "oponga", resista, a determinadas transformaciones endógenas o exógenas que puedan evolucionar y lograr el acontecimiento transmutativo de extinción de la misma.

Tal "oposición" es (digamos), para el pensamiento integrado, la que se concreta al intentar abrir una cerradura con una llave que no corresponde a la misma. La configuración-contenido que se propone en una transformación ("usar otra llave") no es aceptada por la trama preservadora de la configuración-contenido del origen (siempre inexorablemente transformador).

Pero encaremos, antes de proseguir, una síntesis de lo aproximado.

ESTACIÓN DE SÍNTESIS I (Y OTROS AVANCES)

• Hemos arribado al concepto de *origen-extinción,* una unicidad conceptual en tanto todo acontecimiento de *extinción* implica inexorablemente un acontecimiento de *origen* (uno o varios). Y, asimismo, todo acontecimiento de *origen* culminará, luego de haber concretado la respectiva *evolución asociativa,* a un acontecimiento de *extinción.*

• Nos aproximamos al concepto de *tiempo asociativo,* o lapso temporal (como veremos más adelante: lapso de sucesión de presentes, o crones) que se extiende desde el acto de origen de una asociación o trama asociativa hasta su acto de extinción.

Es de esta manera que lo que denominamos *tiempo* es una cualidad esencial de la materia asociada (*relativo* a la misma), siempre en transmutación asociativa o en asociación transmutativa evolutiva.

• Pese a que todo acontecimiento en la materia es asociativo, distinguiremos el concepto de *asociación* del de *trama asociativa* (a pesar de que lo solemos usar indistintamente). Señalemos que con el primero designamos a toda *asociación elemental,* no integrada por otras asociaciones, y con el segundo a toda trama integrada por dos o más asociaciones elementales y/o tramas de asociaciones comprendidas –en cuanto a complejidad asociativa– entre la trama elemental y las tramas desde la menor (la trama elemental o trama de dos asociaciones elementales) hasta la mayor intensidad de la complejidad asociativa.

• Definimos al universo como la asociación *Unidad* de mayor complejidad que la de la elementalidad de todas las asociaciones elementales y tramas asociativas que lo integran y conforman, constituyéndose en el *nivel asociativo* de lo que hemos definido como *continuo asociativo de la materia.*

Incorporamos ahora el concepto de *nivel asociativo,* el que representa a cada asociación de asociaciones según la unicidad conceptual de la *diversidad-semejanza* o de la *semejanza en la diversidad.*

Nos referiremos, entonces, al nivel asociativo de la elementalidad, o al de los átomos, al de las moléculas, al de los planetas, al de las asociaciones colectivas humanas, al de las galaxias, o al del continuo en su totalidad.

• Nos hemos focalizado, fundamentalmente –y éste es uno de los conceptos esenciales de la *Teoría de la Integración*– en la rección conceptual determinante-condicionante-metafísica-dialéctica sobre todo concepto o representación que integra la trama conceptual del Pensamiento de la Asociación (y de los pensamientos de las asociaciones colectivas e individuales que integran la misma), de índole determinante (y entonces relativa) pero incorporada como condicionante (y entonces "absoluta"), y de este modo *destinacional* del pensamiento humano, es decir, inmutable, inalterable, inmodificable, y así sucesivamente.

Esta rección, ya bimilenaria, puesto que remitimos su origen a Platón y a su concepto de *khorismós* (separación, escisión, y hasta "abismo") representando el "tercer término" de la dualidad esencial *ente-ser* o *ser-ente,* vale decir [*ente-khorismós-ser*], y entonces la clara y rotunda posibilidad de diferenciarse entre sí los dos términos, conformando, en lugar de una unicidad conceptual, una dualidad en la unidad, y luego, entonces, de oponerse entre sí según un orden jerárquico inmodificable al elevar el *ser* a *Ser* o representación de Dios, y al referir el *ente* al concepto de mundo, de naturaleza, de *physis,* constituyendo finalmente la dualidad esencial modélica *Ser-ente,* la que se tornó una rección modélica configuracional condicionante, es decir, que rigió a todo concepto originado en el Pensamiento y en su indagación del continuo, adjuntándole a cada uno un término (completando así la dualidad) *creado* por el pensamiento (especulativamente) como es el caso emblemático de *infinitud-finitud,* siendo *infinitud* el término creado, y *finitud* el término emanado de la indagación del continuo. Esta *rección,* decíamos, sumió al Pensamiento (la trama de pensamientos individuales y colectivos) en una patología asociativa o enfermedad general y única, consistente en una creciente des-integración (pérdida de integración) de la trama del continuo, y en una creciente intensificación del *khorismós,* es decir, de la escisión, de la separación, de la oposición, de la pugna entre opuestos. Y entonces la evolución hacia la crisis final –la ruptura temida por Kant aunque referida en él a la relación del creyente (*ente*) con Dios (*Ser*)– la escisión en dos partes del pensamiento de cada asociación individual, dos tramas, dos términos antagónicos e inconciliables, ya irreconciliables. La psicosis asociativa. La disociación en términos determinantes del *ente-ser* de una asociación individual humana.

Para el pensamiento integrado, la acción asociativa (el *ser*) de una asociación humana es su pensamiento (en realidad su conciencia-pensamiento). La separación o escisión transmutable en cuanto a su intensidad, es decir, más intensa o menos intensa separación entre los dos términos de la unidad esencial *ser-ente* o *ente-ser*, expresa el grado de salud o enfermedad asociativa que aqueja a una asociación humana (individual, colectiva o la Asociación).

Es decir que la mayor separación de los dos términos manifiesta el mayor grado de enfermedad asociativa, por lo que si se eleva la jerarquía del *ser* a *Ser* o Dios, la separación se amplía transmutativamente (vale decir en una evolución asociativa en que varía el grado de intensidad de la separación, achicándose o agrandándose, o alternándose en acortarse y aumentarse).

Es evidente que Kant proponía la fe religiosa para aproximar a ambos términos, logrando fidelidad y acatamiento a la religión cristiana.

Para el pensamiento integrado, la escisión entre el *ente* y el *ser* puede intensificarse en las asociaciones humanas, manifestando los diversos grados de la patología asociativa.

A la ruptura o des-integración total entre el *ente* y el *ser* de una asociación humana le asignamos la codificación asociativa de *psicosis asociativa*.

Y esto se da, o puede darse, en la totalidad de las tramas asociativas humanas, individuales y colectivas, y también, finalmente, en la Asociación, cuando se torna determinante la psicosis entre las asociaciones individuales y colectivas que la integran.

Al alcanzar el grado de enfermedad asociativa de la psicosis, éste implica necesariamente extinción, el acontecimiento de extinción, en intensidad determinante, del pensamiento (es decir, de la trama conceptual del mismo y la correspondiente memoria asociativa), y no necesariamente de la asociación en sí, que perdurará regida por lo no determinante del pensamiento, y por la conciencia, es decir, la trama preconceptual (fenomenológica).

Esto acaece en las asociaciones individuales humanas, pero también en las asociaciones colectivas, como las parejas, las familias, las sociedades. En todos los casos, la intensidad extrema –en el menor grado (*esclerosis asociativa*) o en el mayor grado posible (*caos asociativo*)– de la *dinamicidad asociativa*, expresa asimismo el síndrome de la psicosis asociativa, y entonces el estado de disociación en su mayor grado de intensidad, y la extinción de la identidad asociativa de la trama asociativa humana enferma.

• Nos referimos al concepto integrado esencial (unicidad conceptual) de la *transmutación* (la totalidad del continuo detenta la cualidad esencial de la *asociación transmutativa*), señalando que posee (la integra), integrando su diversidad, el concepto de *transformación*. Explicamos que éste no indica un acontecimiento de extinción, sino que es endógeno a la existencia asociativa de toda asociación-trama asociativa, es decir, en el lapso de evolución asociativa entre el origen y la extinción asociativa.

Señalamos, asimismo, que en la diversidad del concepto de *transformación* está integrado el concepto de *preservación* (como en el concepto de asociación-trama asociativa está integrado el concepto de *perduración asociativa*).

Por lo que toda preservación es inexorablemente *preservación de una transformación*. De este modo, por ejemplo, la denominada *contrarrevolución* debe ser entendida como un acontecimiento de preservación de una revolución previa (de una transformación previa) que busca sostener la perduración asociativa de la misma en relación con un nuevo intento de transformación (*revolución*).

Los que preservan una sociedad o un modelo de sociedad son los que han concretado la transformación de esa sociedad. Todo transformador deviene en preservador de lo que ha transformado.

• El principio de *asociación* en el continuo (unicidad conceptual *asociación-transmutación*) se expresa a través de lo que el pensamiento integrado ha conceptualizado como *orden asociativo de complejización evolutiva*. Este concepto (unicidad conceptual) implica la rección de las configuraciones-contenidos en las relaciones asociativas entre las asociaciones y tramas asociativas que integran el continuo.

Vale decir que las asociaciones se asocian o no entre sí de acuerdo con sus configuraciones asociativas. Por ejemplo, una asociación individual humana se asocia con el agua para ingerirla o para incorporarla, pero no para aspirarla, introduciéndola en sus pulmones. Y para ello ha evolucionado integrándose al menos con dos tramas diversamente semejantes, en las que la diversidad consiste en sus diversas capacidades de asociarse y transmutar.

¿Pero podría haber sido de otra manera?

Sí, en una diversa configuración de la trama de la trama asociativa individual humana.

• La rección conceptual *metafísica-dialéctica* ha sido de tal intensidad de rección creciente en la Asociación, a lo largo del bimilenio, que ha "convencido" al Pensamiento de que ella representa la verdad configuracional del continuo. Y esto ha sido de tal creciente gravedad (por la pérdida de integración con la trama del continuo) que ha justificado en su Pensamiento el arribo a la violencia y agresividad más extrema logrando que éste la considerara natural, evidencia de su dinamicidad también extrema, propia de su destino de foco del universo, de la más compleja y evolucionada asociación-trama asociativa, que ella misma conoce.

• Esta rección conceptual metafísica-dialéctica ha sustentado la decisión de conceptualizar el origen del universo como un *"Gran Bang"*. Lo que evidencia hasta qué punto ha incidido e incide en el pensamiento indagador o científico.

De ninguna manera ha sido una *Gran Explosión*. Es esto un disparate, un desvarío casi inconcebible. Una grandísima, cósmicamente intensísima dinamicidad en acción expresada en una intensísima explosión. Este universo es el resultado de un evento de tal magnitud que debe haber dejado un hueco, un vacío descomunal, que quizás sea asignado a un "agujero negro", o a una acumulación de "anti-materia" (una de las creaciones más actuales del pensamiento regido por el condicionamiento metafísico-dialéctico).

¿"Agujero negro"? ¿"Agujero blanco" ha de seguirle, entonces? ¿O "agujero vacío"? *Materia–antimateria:* una dualidad de oposición magnífica, porque si existe el polo opuesto a la *materia,* entonces cobran existencia real, natural, la *infinitud,* la *inmutabilidad,* la *atemporalidad,* la *absolutez,* la *igualdad,* y así sucesivamente.

No.

El pensamiento integrado ha descubierto que el "Gran Bang" ha sido en realidad una *GEA,* vale decir, una *Gran Expansión Asociativa.*

¿Descubierto? ¿Cómo...?

Si la totalidad del universo está regida por la dinamicidad generada en la oposición y pugna de opuestos, su origen tiene que haberse gestado en una inconmensurable explosión, que fue la manifestación de un inconmensurable "choque" de fuerzas opuestas. O tal vez, "algo" (un preuniverso) que poseía en su interior una inconmensurable dinamicidad, que se expandió al estallar en innumerables fragmentos.

Si la totalidad del universo, en cambio, está regida por la capacidad, por la aptitud, por la pulsión a asociarse y transmutar, desde la elementalidad, la dinamicidad reside en dicha pulsión asociativa, generada en el acontecimiento de origen del continuo asociativo de la materia, y entonces el mismo debe abordarse como una relativamente breve e inconmensurable expansión asociativa, evolutivamente en una progresión de complejidad asociativa, desde la elementalidad inicial, original (complejizándose a medida que se expandía).

Por lo que si el nivel asociativo más elemental del continuo (las asociaciones elementales, para nosotros **2m.ea**) fue el primer estadio de la gran expansión evolutiva, la creciente expansión fue evolutiva en dirección a una mayor complejidad asociativa de la materia en expansión.

Descubrir cómo fueron los primeros presentes o crones iniciales en el origen del continuo es posible si descubrimos los diversos niveles asociativos subsiguientes en complejidad asociativa al de la elementalidad.

Hasta el presente hay conocimiento indagatorio de algunos niveles asociativos más elementales, como el de los átomos y el de las moléculas. Falta descubrir con mayor precisión los niveles desde el de la elementalidad hasta el de los átomos, aunque parece haber grandes avances en el descubrimiento de los mismos (niveles subatómicos).

Y para ello deben transformarse los conceptos indagatorios: no se "bombardean" las partículas con otras partículas, sino que en todo caso se generan *acontecimientos de asociación* entre ellas en los grandes "aceleradores de partículas" de Suiza y EU, por ejemplo (que, como veremos, no aceleran "partículas", sino asociaciones, tanto elementales como de los niveles asociativos de complejidad asociativa subsiguientes).

(El hecho de que en una tormenta un rayo fulmine a un hombre, provocando su extinción, no significa que por su tan intensa dinamicidad sea violento, superior jerárquicamente, o más apto que su víctima).

Pero existe a nuestro juicio un error en las experiencias subatómicas del pensamiento indagador de las últimas décadas. Los aparatos existentes en Suiza y en EU no son "aceleradores de partículas", sino en todo caso *aceleradores de asociaciones elementales,* como ya señalamos. No existen partículas disociadas en el universo para el pensamiento integrado. La elementalidad es una asociación de partículas de masa, de dos partículas de masa (*ente*) asociadas por la energía de su asociación o energía asociativa (*ser*).

Las asociaciones que se buscan acelerar en los *aceleradores de asociaciones* para que se asocien entre sí son las existentes entre el nivel asociativo de las asociaciones elementales y el nivel asociativo de las asociaciones átomos. Entre aquél y éste deben *descubrirse* por indagación los niveles asociativos que se traman desde un nivel a otro.

De este modo se descubrirá la diversidad de cada nivel asociativo. Una especie de "Tabla atómica o de los elementos atómicos" que enuncia la trama de cada nivel asociativo, es decir, de cada nivel de asociaciones semejantes y diversas, comenzando con la "extraña" *Tabla de la elementalidad,* integrada por un único componente o elemento.

XI

RETORNO AL CAMINO HACIA EL TIEMPO

¿Por qué es necesario que arribemos al nivel asociativo de la elementalidad de la materia para aproximarnos al concepto de *tiempo*?

[¿Cómo?

¿Cómo puede Einstein haber imaginado y sostenido lo que propuso en los primeros años del siglo XX, acerca de la cuestión de la relatividad –y de la absolutez–, y en consecuencia acerca de la configuración-contenido del universo, sin conocer (sin haber descubierto) la configuración-contenido de la elementalidad de la materia?

Los físicos-filósofos integrados griegos comprendieron (desde Tales) que el reciente descubrimiento de la Unidad, o el cosmos, no podía ser integrado en su verdadera y total configuración-contenido si no se descubría la elementalidad de la materia, es decir, las unidades elementales.

La revolución de Einstein fue determinadamente conceptual, dirigida a la física clásica –o en evolución hasta él– señalándole que estaba equivocada al tornar la dualidad de oposición absoluto-relativo en la unicidad conceptual absoluto, dado que esto la sometía a un creciente esclerosamiento, y extrañamiento de la que Einstein creía que era la verdadera configuración-contenido del Universo.

La trascendencia asignada al físico se debió a que en realidad afirmó que la rección condicionada destinacional de la conceptualidad metafísica-dialéctica era y es determinante (y entonce modificable)].

Septiembre 2014

En principio, porque el pensamiento indagatorio ha arribado, desde fines del siglo XX, al menos a la aceptación –y entonces descubrimiento por proyección especulativa y búsqueda de alguna comprobación– del estadio del continuo asociativo (de la trama configuración contenido de éste) conformado por los niveles asociativos en dirección al de la elementalidad, necesariamente endógeno al del átomo (las unidades-asociaciones elementales que integran la Unidad de la totalidad de las asociaciones y tramas asociativas, es decir el universo).

Lo cual es un acontecimiento de extrema trascendencia, tal como lo fue el descubrimiento proyectivo de *la Unidad* (del Todo, del Cosmos, del Universo), lo que generó nada menos que el estadio de la indagación que se focalizó en los acontecimientos especulativos, proyectivos, consecuencia de la indagación reflexiva sobre la *physis,* sobre la naturaleza, sobre el "orden natural". Es el "amor" (en tanto lo que se integra, a lo que se anhela ser integrado) hacia esa específica trama conceptual en la que nosotros individualizamos como paradigma el concepto griego integrado de *ilimitado*. Es decir, lo que no tiene límites *visibles,* pero debe necesariamente tenerlos, dada su *finitud.*

El cosmos, el universo, fue considerado entonces *ilimitado* (y de ninguna manera *infinito,* aplicación a aquel pensamiento por los indagadores, de la determinación conceptual metafísica-dialéctica).

La Unidad fue entonces (hace más de veinte siglos) *ilimitada,* y entonces *finita*. Y generó la unidad de la diversidad de la *Física* (de lo físico) que se denominó *Filosofía.* Constituyendo ambas una unicidad conceptual que ahora el pensamiento integrado, recupera, reintegra al Pensamiento Unificado, como un solo y único concepto (una unicidad conceptual): la que podríamos codificar como la *Filofísica,* la *Filosofía Física.*

"En medio" de este lapso o sucesión de presentes, más de veinte siglos de des-integración de este concepto de la conformación de una dualidad de oposición, de escisión de sus dos términos, desde la oposición, la pugna, a la ruptura contemporánea (al menos, aunque sin lucidez conceptual hasta Einstein).

Hoy estamos ante el descubrimiento, con verosimilitud (no con verdad comprobada) de la *unidad elemental* de la materia. El "otro" extremo de la configuración-contenido del universo (la *Unidad* de todas las unidades). Aquel que percibieron los griegos, sin poseer las "herramientas" indagatorias (surgidas en la indagación) que los condujera más allá, en la elementalidad, que esos cuatro elementos que reunían dinamicidad evolutiva integrada (la *tierra* –piedra, roca– se transformaba en *fuego* en la actividad de los volcanes (la lava) –Empédocles se arrojó a la boca de uno–, y el *fuego* en *aire* caliente que ascendía hasta las nubes, transformándose en lluvia, es decir, en *agua,* y así sucesivamente), y trama de elementalidad (el "átomo" de Demócrito, entre otros).

Entonces, lo que se originó en el descubrimiento de la Unidad (el *ente-ser* que podría haberse considerado como el *Ente-Ser*), y en la asignación de la dinamicidad en la misma a Dios (los Dios), lo que provocó la partición, la escisión endógena de la unidad esencial configuración-contenido de todo lo que esa Unidad contenía –el *ente-ser* o el *ser-ente,* a aún el *Ente-Ser*–, evolucionó asociativamente a través de la rección determinada (considerada condicionante) de la conceptualidad metafísica, en principio, hasta sumarse a ésta la conceptualidad dialéctica –ya no la dialéctica de los filósofos integrados griegos, sino la dialéctica posplatónica, es decir, regida por el *khorismós,* por escisión de polarización, oposición y jerarquización–.

Un descubrimiento, y una evolución, que ha perdurado durante más de veinte siglos, y que en la actualidad ha alcanzado el esclerosamiento casi extremo, al punto de "guiar" la transformación, y los transformadores, reflexionando sobre lo mismo, es decir, lo preservado bimilenario, generando tramas de "nuevos" conceptos de conceptos (como lo expresa el autollamado o autodesignado, o autoasignado "último movimiento, o momento" del pensamiento filosófico –después de los "momentos" de la Grecia antigua y del pensamiento alemán–: el de la filosofía francesa).

Para el pensamiento integrado –que se sitúa en semejanza en la diversidad con el pensamiento de los físicos-filósofos griegos previos a la escisión platónica– ha llegado el momento de "completar" la configuración-contenido del universo, del continuo asociativo de la materia, arribando al concepto de la *unidad elemental,* aunque en realidad debe denominárselas *unidades elementales,* puesto que la elementalidad de la Unidad es múltiple, e *innumerable* (concepto en semejanza-diversidad con el de *ilimitado*).

Pero así como la Unidad es, para el pensamiento integrado, el continuo asociativo de la totalidad de la materia, las unidades elementales son, cada una, una *unidad elemental de la materia.*

Por lo que si la materia se define por la Unidad que ha conformado, debe definirse ahora por su unidad en la elementalidad. Lo que implicará necesariamente la transmutación (extinción-origen) (concepto griego de *apocalipsis)* del Pensamiento de la Asociación de la totalidad de las asociaciones humanas (individuales y colectivas).

XII

LA UNIDAD ELEMENTAL DE LA MATERIA

El origen de la materia está integrado al acontecimiento del origen del continuo o universo (que significa literalmente *Unidad*). Lo que enuncia que no existía antes de la existencia del continuo, puesto que éste aún no se había originado. *El origen de la materia coincide con el origen del universo o la Unidad de toda la materia.* Ambos orígenes integran un único acontecimiento de origen, aunque, para la

Teoría, materia y *universo* constituyen un solo y único concepto (una unicidad conceptual).

Si bien tenemos percepciones imaginativas, sólo podemos arribar a un momento extremo que consideramos *indescubrible* para nuestro Pensamiento, al menos.

Aproximémonos.

Desde los orígenes de la Asociación *lo no descubierto* (cada acontecimiento) en la trama del continuo ha sido asignado a una deidad, a una divinidad, a un dios, hasta, finalmente, a un único Dios Unidad (como fue el caso del Atón egipcio, quien reunió en sí, como sus cualidades o propiedades, a todas las demás deidades de la compleja y múltiple religiosidad egipcia).

Y cuando decimos "lo no descubierto" nos referimos por lo general al *ser* del *ente* correspondiente. Porque es la dinamicidad, lo que anima a cada *ente,* lo más difícil de descubrir, y lo que más sirve a la finalidad de la creación de una deidad, de un duende, de un espíritu.

¿Pero qué ocurre con la representación fantástica-religiosa cuando un *ente-ser* es descubierto en su totalidad?

El *ser* divino creado, que representaba a lo no descubierto, transmuta a *mito* cuando ya no puede sostener el misterio de lo no conocido, de lo no descubierto, conservando bajo esta nueva configuración su existencia asociativa en la sucesión de presentes (salvo que se extinga), mientras una trama asociativa que no se haya extinguido lo mantenga registrado en su memoria sociativa.

Arribaremos ahora al *momento extremo* de lo no descubierto y referido a la elementalidad.

Pero recordemos que *la materia asociada es el continuo.*

¿A qué llamamos "momento extremo"?

A lo que consideramos el límite entre lo descubrible y lo no descubrible, en la más reciente sucesión de presentes. Y este momento extremo es donde se genera el concepto integrado de *Dios,* en tanto lo no descubierto ni descubrible por nuestro Pensamiento. Y el mismo debe ser situado en el origen de la materia asociada y en transmutación.

Podemos proyectar la imaginación del estado de aquello que denominamos *masa,* constituido por *partículas indivisibles de masa.* Un estado de precontinuo. Pero no un estado de existencia, ni siquiera de no existencia, ya que sólo es posible la existencia asociativa de lo que denominaremos *materia.* Y la masa sólo es uno de los componentes de la materia, a pesar de parecer ser el único (digamos que es un *pre-ente*). Para convertirse en materia debe ser *una asociación* de masa (*ente*), y energía asociativa (*ser*), espacio y tiempo asociativo.

Veamos esto.

Proyectemos el pre-continuo constituido exclusivamente por las partículas de masa no asociadas entre sí, y entonces sin generación de espacio, sin existencia asociativa, y sin origen-evolución asociativa-extinción, y así sin tiempo asociativo.

¿Podríamos caracterizar este *"estado"* como una trama de condiciones opuestas a las de la generación de la materia, es decir: *inmutabilidad, atemporalidad, inmaterialidad, infinitud, igualdad,* y así sucesivamente?

Sí.

¿Pero no son éstas cualidades que la *Teoría* asigna al Dios, al concepto de Dios?

Sí.

Por lo que sitúa a este "estado" precontinuo, no en lo contrario u opuesto al "estado" de continuo, sino en las condiciones de lo pre-continuo, vale decir, en el *estado de pre-continuo.* Y siendo el continuo *lo físico,* este estado podría denominarse *pre-físico* o *meta-físico.*

Concepto integrado de *lo metafísico* o estado previo de *lo físico,* y entonces posible de codificar como *metafísico* o más allá de lo físico. Y de ahí que no puedan aplicarse como representaciones de lo físico, después de haberse originado lo físico, es decir, el continuo asociativo, es decir, la materia asociada.

En consecuencia, debe asignarse el concepto de *Dios* –lo no descubrible– al pre-continuo, al estado del pre-continuo.

De este modo, el concepto de *Dios* está referido al estado de una "trama" o conjunto, o innumerabilidad de *partículas indivisibles de masa.* Y como en ese estado todo es (o debió ser) *inmutable, aespacial, atemporal, adinámico* (sin energía alguna), y así sucesivamente, el origen del continuo será el "momento" en que se inicia la asociación entre sí de dos de esas innumerables partículas indivisibles de masa, lo que origina la *energía asociativa* de dicha asociación de dos partículas indivisibles de masa (la asociación genera esa energía asociativa que es la que genera u origina a la asociación).

De esta manera, cuando vamos a recorrer el "momento" (para nosotros en el *primer presente*) en que se origina la primera asociación elemental, se origina la materia (masa y energía asociativa), el espacio, y el tiempo asociativo.

Y éste es *el acontecimiento* de origen del origen del universo. No es proyección imaginativa: todo el continuo sujeto a nuestra indagación desde el pensamiento integrado lo afirma, lo sostiene, lo sustenta, lo fundamenta.

Pero si el pre-continuo era una "masa" de partículas indivisibles de masa, ¿qué o quién generó el "soplo" de energía asociativa para provocar el origen de la primera asociación elemental? Vale decir la asociación entre sí de dos de esas partículas indivisibles de masa pulsionadas por *una energía* que en tal acontecimiento transmutó a *energía asociativa.*

Al asociarse esas dos partículas indivisibles de masa entre sí constituyeron la primera o inicial asociación elemental de la materia, la que se originó en ese acontecimiento. En éste se originó asimismo el *espacio asociativo* de esa primera asociación elemental, o espacio de la energía asociativa de la misma (o espacio de la *acción asociativa* de dicha asociación, para el pensamiento integrado). Así como se originó el *tiempo asociativo,* en tanto lapso de la evolución asociativa de esa asociación elemental, que se extiende desde el acontecimiento de origen al acontecimiento de su extinción.

Imaginemos que en una "masa" de partículas indivisibles se genera *una energía* que pulsiona a dos de esas partículas a asociarse entre sí.

Para el pensamiento integrado, para la *Teoría de la Integración,* a ese especial, peculiar, "quantum" de energía, asociativa, porque provocó y concretó la asociación de dos partículas indivisibles de masa, se le debe asignar el concepto que en el pensamiento humano refiere a *Dios,* es decir, a lo no descubierto, a lo no descubrible. Al concepto de *Dios* en relación con el universo, con el continuo.

Esa asociación elemental inicial (original) de dos partículas indivisibles de masa, al originarse creó, generó, el espacio asociativo (*su* espacio asociativo) de su energía asociativa ("ocupado" por su energía asociativa), lo que significó *expansión por creación del espacio asociativo* individual y propio.

Esta expansión provocó a su alrededor una innumerable creación-origen de otras asociaciones elementales (pulsión a asociarse entre sí de pares de partícuals de masa), las que generaron sus propios espacios asociativos por expansión.

Si la totalidad de las partículas indivisibles de masa originaron asociaciones elementales expandiéndose en espacios propios de sus energías asociativas, en una simultaneidad inconmensurable (*ilimitada,* para nosotros, como concepto del pensamiento griego integrado físico-filosófico), conformaron la trama del continuo, tal como existe asociativamente en estos presentes, aunque *en evolución asociativa* desde aquel acontecimiento de origen.

Y esto es lo que constituyó la evolución asociativa del acontecimiento de origen del universo o continuo asociativo de la materia, o *Gran Expansión Asociativa (G.E.A.).*

¿Cuándo se extinguió este acontecimiento de origen del continuo?

Necesariamente cuando *la totalidad* innumerable de partículas indivisibles de masa completó la conformación de asociaciones elementales, integrando sus espacios asociativos, conformando así el espacio asociativo del continuo, o asociación de todas las asociaciones elementales.

Ahora bien: es a partir de la GEA que se origina el acontecimiento evolutivo de la *complejización asociativa,* vale decir, el origen de asociaciones evolutivamente más complejas, las que el pensamiento integrado representa con el concepto de *niveles asociativos* o asociaciones de asociaciones diversamente semejantes o semejantes en la diversidad.

Descubrir la trama evolutiva de las asociaciones-tramas asociativas integradas en tramas o niveles asociativos en evolución implica descubrir *cómo evolucionó el continuo* desde su acontecimiento de origen. Debe partirse, con esta concepción de la semejanza en la diversidad, desde el nivel asociativo de los átomos (digamos la Tabla de Mendeleiev), hasta descubrir la trama de niveles asociativos (tramas asociativas cada vez menos complejas) y arribar al nivel asociativo de las asociaciones elementales.

El "mapa" de la trama del continuo.

Sí.

Ahora bien. Para alcanzar este objetivo debemos proyectarnos al nivel asociativo más elemental, vale decir, a la unidad elemental de la materia. Y entonces a la unidad elemental del espacio asociativo, a la unidad elemental de la energía asociativa, y a la unidad elemental del tiempo asociativo. Considerando que estas unidades son sólo distinguibles y representables especulativamente, dado que conforman una unidad única representada por una unicidad conceptual.

La unidad elemental de la materia, del espacio, de la energía y del tiempo.

Ya hemos afirmado que la unidad elemental de la materia es *una asociación*. Y no una partícula (y tampoco una trama asociativa). No existe en todo el universo una "partícula de materia". Sólo hubo en el pre-continuo partículas de masa (de acuerdo con nuestra proyección).

Partículas y asociaciones; lo metafísico y lo físico

Evoquemos que el concepto de *partícula* refiere, en la trama conceptual del Pensamiento en rección bimilenaria, simplemente a "algo pequeño". Entonces las llamadas *Partículas de Dios*, o partículas elementales, pueden ser llamadas "partículas", cuando en realidad son *asociaciones* de dos partículas, refiriéndose este concepto de *partícula* al de un quantum de masa.

¿Por qué es necesaria esta transmutación conceptual?

Porque la configuración-contenido, o la asociación y su acción asociativa, o el *ser-ente* de una asociación elemental de la materia se rige *condicionadamente* por la energía asociativa, es decir, por la energía propia y *esencial* de una asociación.

El considerar conceptualmente que las partículas existen disociadas en el universo implicaría reconocerlo metafísica y dialécticamente, implicaría asignar a dichas partículas una existencia que no pueden poseer, porque toda existencia-dinamicidad se origina en la asociación, y ellas en sí no constituyen asociación alguna.

Hemos afirmado que lo que estaba dispuesto en partículas no era aún materia, sino partículas indivisibles de lo que aceptamos denominar *masa*. Tampoco acepta el pensamiento integrado darles la codificación asociativa de *entes*, puesto que no puede escindirse un *ente* de su *ser*.

Explicamos ya que la elementalidad de la materia, la unidad elemental de la misma, es *una asociación* constituida por *dos partículas indivisibles de masa en energía asociativa*.

Señalamos que tal asociación fue originada por una energía asociativa que se generó por el acontecimiento de origen de la asociación elemental misma. En consecuencia, podemos representar este origen como:

2m (2 partículas indivisibles de masa) en/por **ea** (energía asociativa)

De este modo:

una asociación elemental de la materia se enuncia o expresa como [**2m.ea**].

Ahora bien: las dos partículas indivisibles de masa (que no constituyen cada una en sí una asociación), al asociarse por la energía de asociación (de su misma asociación), generan un ámbito o espacio de la asociación, o *espacio asociativo*, que evidencia la existencia asociativa de la energía asociativa que conforma la misma.

Así, podríamos representar una asociación elemental (unidad) de la materia como:

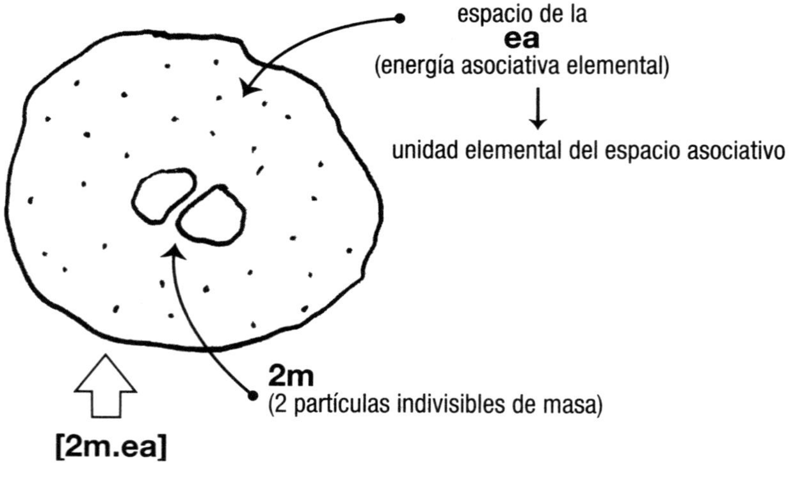

Φ

Estamos, asimismo, en presencia de la representación de la *unidad elemental de la energía asociativa,* o energía asociativa de una asociación elemental.

También hemos representado a la *unidad elemental del espacio asociativo.*

Nos resta la unidad elemental del *tiempo asociativo.* Pero antes vamos a representar el arribo –endógeno a la evolución asociativa de la GEA– a la complejización asociativa.

Un acontecimiento inicial, próximo al origen de la materia y del universo, es el del origen del nivel asociativo subsiguiente al de la elementalidad, cuando se asocian dos asociaciones elementales entre sí.

Veámoslo:

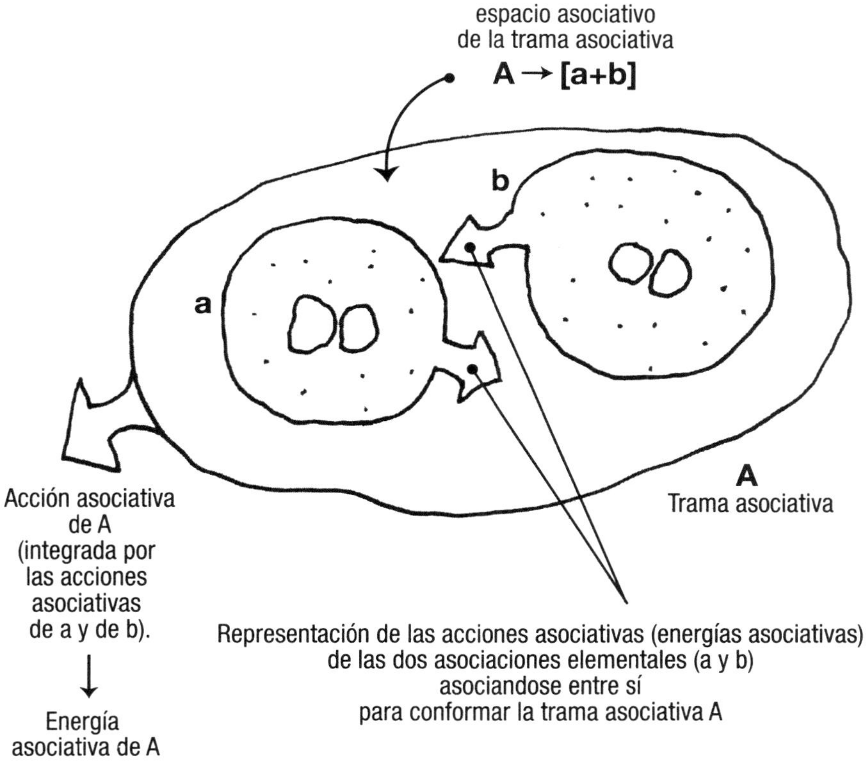

En este diagrama vemos el origen de la trama asociativa A por la asociación de dos asociaciones elementales a y b.

Esta trama asociativa A integra el nivel asociativo subsiguiente al nivel asociativo de la elementalidad (unicidad asociativa). Todas las tramas asociativas integradas por la asociación de dos asociaciones constituyen –en su semejanza-diversidad– un nivel asociativo, el que deberá ser codificado asociativamente.

Ahora bien: para arribar al concepto de la *unidad elemental del tiempo,* debemos avanzar en la aproximación al acontecimiento de la traslación de la materia en el nivel asociativo de la elementalidad por el espacio del continuo, que no es sino el espacio integrado y asociado de la totalidad de los espacios de las asociaciones elementales y tramas asociativas que integran al mismo.

Permitirse

Podemos permitirnos una imaginación, o proyección imaginativa: consideremos que la expansión de las asociaciones elementales generando espacio asociativo, y entonces el espacio del universo, se percibe como una "niebla" –como una humedad, un fluido– que se origina, como expansión, en un "foco" (un punto físico, o una trama de puntos físicos) que la irradia en todas direcciones (el núcleo de la GEA, origen del universo) a grandes velocidades (tal vez a velocidades mayores a la de la luz hasta que se extingue el acontecimiento de origen del universo, y cesa el foco de pulsión de asociaciones elementales originadas en la GEA, retornándose o arribándose a una velocidad que nosotros denominamos de traslación de la materia por el espacio total del universo.

Esta "niebla" de asociaciones elementales (*trama*, en realidad), conforma, concluido dicho acontecimiento de origen, el espacio total del universo, de tal modo que no existe espacio en el mismo que no sea el espacio de una asociación elemental, espacio que es energía asociativa en asociación cada una con sus dos partículas indivisibles de masa, conformando una unidad elemental de materia.

Es decir, que todo sucede en esa trama de "niebla", endógenamente a ella. Porque esa trama espacial es el universo, la *Unidad* de toda la materia asociada y en transmutación. Y así debemos percibirlo en el acontecimiento de origen, que se extendió desde su origen hasta su extinción, generando una evolución asociativa, y un tiempo asociativo.

Ahora bien: concluido el acontecimiento del origen, y ya en plena evolución asociativa el universo (la establecida trama de "niebla", conservando vestigios de la GEA), la materia en estado elemental comenzó a complejizarse asociativamente hasta conformar núcleos de materia asociada, en tramas de los niveles asociativos más elementales, núcleos de una gran energía asociativa (las estrellas determinadamente emisoras de materia) que se tornaron en sus mismos acontecimientos de origen *fuentes emisoras* de materia elemental por el espacio o trama espacial de asociaciones elementales, en traslaciones que eran visibles como luz al arribar a *fuentes receptoras* de dicha materia elemental.

Pero esto supone otra u otras aproximaciones.

Mayo de 2014

El origen del acontecimiento del origen del universo fue el origen de la primera e inicial asociación elemental **2m.ea.** Ambos orígenes, el de la asociación elemental inicial y el del universo prosiguieron con las evoluciones asociativas de sus existencias asociativas. En ambos casos tenemos que referirnos a acontecimientos de expansión y creación de espacios asociativos. En el origen de la asociación elemental inicial se originó su espacio asociativo elemental, y esto se generó por expansión de la energía asociativa que originó y se originó con la misma. Vale decir que se puede afirmar que las dos partículas indivisibles de masa "ocupan" un espacio en sí, y la energía asociativa que se genera con la asociación de ambas "ocupa" otro espacio, especulativamente, ya que "ambos" espacios son uno, el espacio propio de la asociación elemental.

Pero lo que queremos señalar más específicamente es que la asociación elemental se originó como tal generando su propio espacio asociativo, que es "ocupado" (propio, en realidad) por la energía asociativa de la misma, mediante *expansión* (generación de espacio).

Ahora bien: si el origen de esta primera asociación elemental implicó una generación de espacio por expansión, y esta expansión de espacio asociativo provocó, causó, el origen simultáneo y progresivo de una innumerabilidad de asociaciones elementales integradas por sus espacios asociativos (reacción geométrica en cadena) la expansión total de la trama total generó el espacio total del continuo. Y el acontecimiento expansivo de asociaciones elementales constituyó la GEA y el espacio total del universo.

El concepto de *expansión* implica al menos a los conceptos integrados de *traslación* y de *velocidad*. Y también, y fundamentalmente, en este caso, al de *pulsión*.

Sigamos a la asociación elemental inicial.

Necesariamente fue pulsionada en alguna dirección a partir de lo que podríamos denominar el núcleo inicial de la GEA. La pulsión, como hemos visto, se debió a la generación súbita, simultánea, de espacios asociativos elementales tramándose, generando trama de espacios.

La velocidad de la materia durante la GEA

Nos preguntamos si esta pulsión inicial del núcleo inicial de la materia-continuo (en el origen de la GEA) no se integró en términos de velocidad con la velocidad propia de la energía elemental, la que resulta la velocidad de la materia elemental al trasladarse por el espacio del continuo.

Vale decir que sería probable que si la materia se traslada desde el fin o extinción de la GEA a la velocidad que hemos denominado *velocidad de la luz,* durante la evolución asociativa de la GEA, desde el origen hasta la extinción de este acontecimiento de origen del universo, deben haberse integrado dos pulsiones o velocidades: esta última, la de "la luz" (o pulsión de la energía elemental de la materia elemental en traslación), más la pulsión propia de la expansión que conformó la GEA (o pulsión de la GEA) generándose, durante el acto de origen del universo, *velocidades superiores* a la que después sería considerada la mayor velocidad posible de la materia en su traslación por el espacio del universo (Einstein).

Dicho desde otra aproximación, y concluyendo: es posible descubrir, y tal vez comprobar, que durante el tiempo asociativo de la GEA –es decir del acontecimiento de origen del universo– *las velocidades de traslación de la materia generando el espacio del universo y trasladándose por el espacio del universo hayan sido muy superiores a la velocidad de la luz.* Y ésta haya sido posterior a la GEA.

Creemos que es posible este registro, este descubrimiento, si es que es posible (o cuando lo sea) indagar en las primeras secuencias de presentes o crones de la GEA.

Si esto fuese así, entonces se refutaría la afirmación de Einstein de que existe una absolutez en el continuo: la velocidad de la luz. Y se refutaría así que tuviera existencia asociativa en relación con la trama del continuo la dualidad conceptual de oposición de la Física clásica: *absoluto-relativo,* y la dualidad conceptual de Einstein: *relativo-absoluto* (codificación integrada). Porque la misma, entonces, transmutaría a la unicidad conceptual *relativo*, unidad conceptual en cuya diversidad se integraría, o podría integrarse, el término conceptual *absoluto* como el extremo de menor intensidad del mismo, según el pensamiento integrado. (Abril de 2014).

La traslación

Durante la GEA, es decir, al expandirse la materia elemental, a medida que se iba originando, debía necesariamente *atravesar* la trama de asociaciones elementales previamente originadas y ya expandidas creando el espacio del continuo, o "presionar" sobre la trama de las mismas, que rodeaba el núcleo de la GEA.

El primer caso implica la traslación de materia elemental a través de la trama de la materia elemental constituyente del espacio del continuo, en actividad originadora de materia elemental, acontecimiento que, a nuestro juicio y aproximación de la *Teoría*, fue el que acaeció, y continúa sucediendo constituyéndose en una cualidad esencial del universo: *la traslación de materia elemental a través de la trama elemental que constituye el espacio total del continuo.*

Tal operación, la de traslación de materia elemental a través de la trama de materia elemental que constituye la totalidad del universo –especulativamente denominada "espacio"– se origina en el acontecimiento del origen, de tal modo que se origina como parte del origen, y luego continúa en la evolución asociativa del universo.

Por lo que se sustenta el hecho de la *traslación* permanente y constante, pero posteriormente a la pulsión del tiempo de la GEA, regida por la energía asociativa elemental, relativamente la más intensa en dinamicidad asociativa de todas las tramas asociativas originadas de mayor complejidad asociativa.

Y a esto debe sumarse el origen –durante la GEA, y posteriormente a ésta, ya en plena evolución asociativa– de los núcleos de materia (estrellas) convertidos en fuentes de emisión de materia elemental hacia todo el espacio del continuo.

Al afirmar esto (lo que estábamos enunciando antes de esta nota previa), sabemos que nos referimos a una unidad elemental de materia (asociación de masa y energía asociativa). Por lo que tenemos presente que se trata de traslación de materia en estado asociativo elemental integrando una trama ilimitada e innumerable de asociaciones elementales que se expande en todas direcciones originando el espacio del continuo, es decir, el espacio integrado por todas las asociaciones elementales que se originaron en la GEA.

Digamos, entonces, que la GEA se originó en un núcleo de partículas indivisibles de masa que en una súbita simultaneidad transmutaron evolutivamente a asociaciones elementales al asociarse de a dos de ellas entre sí inicialmente (la asociación más elemental posible), lo que provocó, causó, generó que todas conformaran asociaciones elementales.

Esta trama de orígenes de espacios asociativos (el de cada asociación elemental) se resolvió necesariamente en una intensa pulsión de esas asociaciones generando, en trama, y "ocupando" (expandiéndose, creando un ámbito espacial). Tal como si sopláramos aire en un globo hasta que éste cobrara forma por la acumulación expansiva del fluido que le fuimos introduciendo.

Pensemos, en principio, que la GEA fue una expansión de unidades de materia asociada elementalmente hasta configurar la totalidad de este universo. Y que fue un flujo de materia elemental *autopropulsada,* una trama de materia elemental en expansión autopropulsada simplemente por la generación de una multiplicidad innumerable de asociaciones elementales. (Pulsión del origen).

Existió entonces un *núcleo del origen,* que originó, donde se originó, desde el que se originó, este universo que denominamos *universo* o *continuo asociativo* de la materia por estar integrado por asociaciones elementales de la materia.

Así, si consideramos que la asociación elemental inicial se situó en el límite, en la periferia del universo originado, debemos concluir que hubo *traslación,* que considerada en su individualidad se trasladó a una determinada *velocidad* (velocidad de generación de espacio asociativo concretado en trama), y que esto se debió a la pulsión provocada por la GEA, y luego a una *pulsión* de autopropulsión, sustentada por la energía elemental.

Ahora bien: la *Teoría* ha sostenido el concepto de *acontecimiento* (o acto) como una trama que se originó en un acontecimiento de origen, y evoluciona asociativamente, y arribará inexorablemente, al acontecimiento de su extinción. Y que el lapso entre el origen y la extinción constituye el *tiempo asociativo* de ese acontecimiento.

¿Se agotó el "núcleo" que constituyó la GEA, en el sentido de no conformar ya más asociaciones elementales, a partir de dos partículas indivisibles de masa asociadas en energía asociativa? (Es decir: ¿ya no hay más introducción de aire en nuestro globo?) ¿Concluyó el acontecimiento de origen de este universo, y ya sólo evoluciona concretando su existencia asociativa hasta arribar a su acontecimiento de extinción? (como todo lo que en él acontece).

Tal vez. Tal vez ya no se incorpore más espacio (y más materia), por origen de nuevas asociaciones elementales en el núcleo donde se produjo la GEA que originó este universo.

Lo que queremos resaltar es que *la materia se trasladó* por el espacio (trama de espacios de las asociaciones elementales) del continuo, originándolo a medida que se expandía. Y constituyó una trama asociativa que conformó la totalidad del universo. Por lo que éste debe ser considerado como una trama de materia en estado elemental.

Si consideramos la intensidad de la energía asociativa que conforma una asociación elemental podríamos tener una proyección de dicha trama.

La velocidad relativa de la expansión y la traslación

Reiteramos lo señalado en la nota anterior: en la evolución asociativa de la GEA la velocidad de expansión [ve] de la materia elemental generando el espacio del continuo, debe integrarse con la velocidad de traslación [vt] –o velocidad de la luz, de Einstein– de la materia elemental por el espacio del continuo, o, al menos diferenciarse. Es posible que en la GEA, la [ve], dada la magnitud del acontecimiento de origen, haya alcanzado intensidades mucho mayores que la [vt] al trasladarse la materia por la trama de asociaciones elementales (y sus espacios) ya conformando el universo después de su acto de origen.

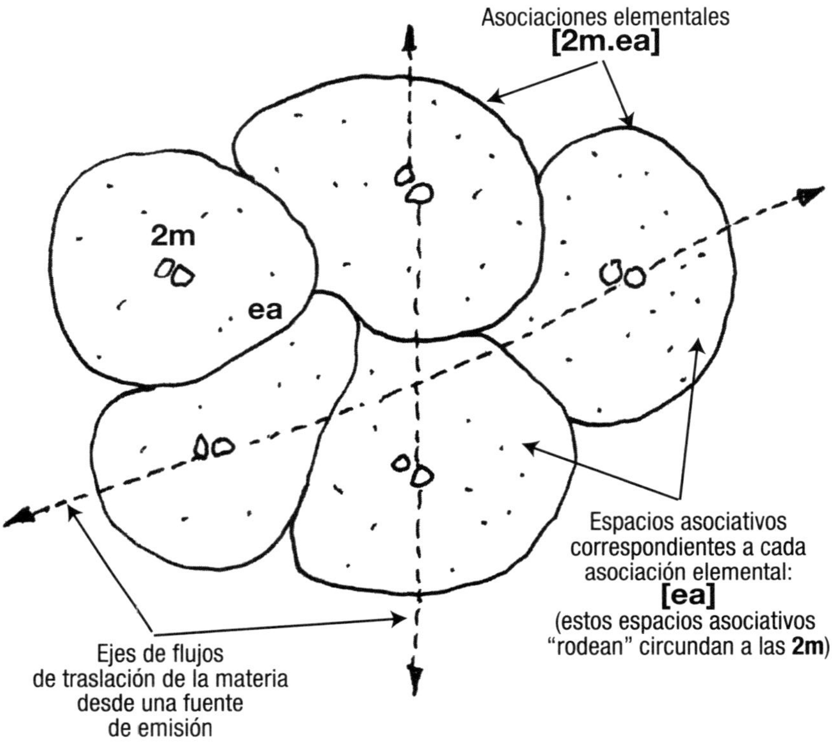

Lo primero a señalar es que debe considerarse –tal como se presupone se da en la trama endógena de los átomos, o en la trama de planetas que integran la trama asociativa de nuestro Sol, y que integran el llamado "sistema solar"– que las dos partículas indivisibles de masa asociadas en energía asociativa en cada asociación elemental están integradas a un espacio asociativo *relativamente inmenso* constituido por la energía asociativa de la misma.

Inquisición

¿Por qué la trama de asociaciones elementales que constituye e integra la trama espacial (en realidad trama material) del continuo, conformándolo a éste en su totalidad, cuando se complejiza asociativamente arribando al nivel asociativo de los átomos y de los nucléolos, constituyendo tramas de éstas (como el aire y el agua) estaría conformada bajo otra configuración modélica?

Lo que queremos decir es que seguramente las tramas del aire y del agua deben estar conformadas (configuradas) asociativamente como la trama de asociaciones elementales que constituye el espacio del continuo, al que podríamos denominar *fluido elemental.*

En el esquema anterior hemos trazado los *ejes* por los que se desplaza la materia por el espacio del continuo a través de la trama de asociaciones elementales que lo constituyen.

En realidad, para el pensamiento integrado, cada asociación elemental que integra la trama espacial del continuo es (constituye) lo que denomina un *punto físico,* con centro de dirección (especulativamente) en el núcleo de las dos partículas de masa asociadas. De este modo *por cada asociación elemental –o punto físico– pasan innumerables ejes o flujos de materia en traslación desde una fuente de emisión a una fuente de recepción* (o a diversas fuentes de recepción).

Evocación

Evoquemos el concepto clásico de acuerdo con la rección determinante condicionante metafísica-dialéctica, enunciándolo con la aseveración de que *"Por un punto pasan infinitas rectas"*. Por lo que un punto es *inmaterial, inmutable, atemporal,* y así sucesivamente.

La *Teoría* sostiene que tiene existencia asociativa lo que se representa con el concepto de la Física y Matemática clásica de *punto.* Todo punto es físico, es material, se ha originado, evoluciona asociativamente, y se extinguirá. puesto que consideramos que cada núcleo de una asociación elemental, junto con el espacio asociativo elemental que la integra, es un punto en la totalidad del espacio del universo, conformado éste por una trama total de asociaciones elementales, vale decir, de *puntos.*

Enunciamos que por cada punto físico pasan innumerables haces o flujos de materia elemental en traslación desde una fuente de emisión (una estrella de luz –de energía elemental– como nuestro Sol) hasta arribar a una fuente de recepción (como la Tierra, o la Luna, o una estación espacial orbital), iluminándola y evidenciándose así a nuestro ojos como *luz,* como una trama de materia iluminada.

Para la *Teoría,* asimismo, los conceptos de *fuente de emisión* y *fuente de recepción* conforman una unicidad conceptual: *emisión-recepción,* puesto que en el universo todo lo que emite materia recepciona materia, y viceversa.

Por ejemplo: la Tierra es una fuente de recepción, determinadamente de la fuente de emisión que es el Sol. Pero también de la luz de todo cuerpo celeste que visualiza o recepciona, y también, por ejemplo, de la Luna, a quien la misma Tierra ilumina, reflejando los haces de materia elemental que recepciona del Sol, y de toda otra fuente del universo.

Indagacíon

Una indagación significativa sería la de descubrir el grado de intensidad de arribo de la radiación solar a nuestro planeta (antes de penetrar nuestra atmósfera) en relación con el grado de intensidad del arribo de la totalidad de las radiaciones provenientes del resto del universo, es decir, de la totalidad de los cuerpos celestes cuyos haces de traslación de la materia, se advierten al ser percibida su luz, es decir, sus haces de traslación de materia.

(La luna es un espejo de recepción-emisión de materia elemental en traslación, por lo que puede medirse la intensidad de la misma al arribar a nuestra atmósfera, lo que implicaría medir no sólo aquellos astros que emiten porque generan sino aquellos que emiten porque reflejan.

Antes de proseguir, veremos un esquema del universo de acuerdo con nuestras reflexiones y proyecciones.

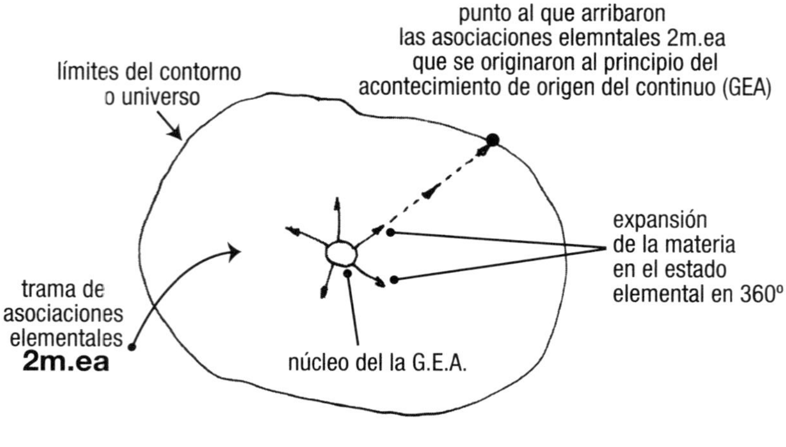

Para la *Teoría* existen al menos dos configuraciones-contenido de la evolución asociativa del continuo a partir de la GEA, es decir del acontecimiento de origen del mismo.

La primera es la que hemos enunciado más arriba, en el esquema previo. Vale decir: expansión de la trama de las asociaciones elementales de la materia en dirección de los 360° a partir del núcleo inicial de la GEA hasta conformar los límites del universo por pérdida de intensidad (y de velocidad) de la pulsión inicial (fuente de emisión: la GEA). (Nos referimos entonces a la velocidad –o velocidades– de expansión [ve]).

Más allá de los límites

¿Sigue expandiéndose el universo, creando espacio al arribar los haces de materia elemental (luz) a los límites del mismo, y no haber sido recepcionados por fuente alguna.

Pues sí, es una proyección aceptable (lo que ha sido registrado por la indagación como un universo en expansión, aunque sólo al parecer referido a los astros celestes o concentraciones de materia, puesto que se concibe el espacio del universo como "vacío" –concepto metafísico-dialéctico contaminante conceptual del pensamiento indagador-científico, hasta el presente (los presentes sucesivos), vale decir, la dualidad conceptual de oposición *lleno-vacío*–).

La segunda se basa en la teoría integrada acerca de la configuración-contenido del *espiral asociativo*, y abarca la totalidad de la trama del continuo (desde la traslación de la materia elemental hasta las galaxias).

Esta configuración-contenido, emanada de la indagación del continuo en diversos niveles asociativos (el espiral que conforma el agua en el vertedero de un recipiente al arribar a su estadio final de salida, o, más inconmensurablemente, las galaxias), es, a juicio del pensamiento integrado la configuración-contenido más apta, asociativamente, para el acontecimiento de la traslación de la materia elemental, en este caso.

¿Por qué?

Porque en su evolución alcanza la máxima velocidad al disminuir el diámetro de las circunvoluciones desde la de mayor diámetro hasta un punto máximo (o foco), o vértice, (donde arriba a la mayor velocidad posible) a partir del cual, comienza a ampliar el diámetro de las circunvoluciones hasta arribar a la circunvolución máxima posible, en donde la trayectoria prácticamente se detiene (o arriba a su menor velocidad relativa) para volver a iniciar el ciclo de reducción paulatina del diámetro de las mismas –y de la velocidad de traslación– hasta arribar al siguiente punto o foco, o vértice (donde alcanza la máxima intensidad de velocidad relativa), y así sucesivamente.

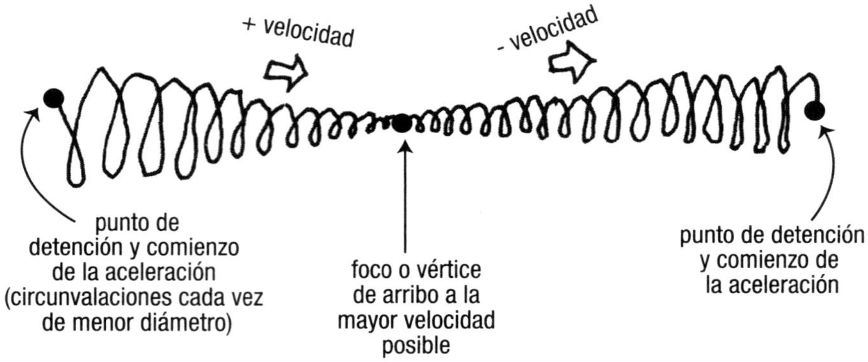

Para el pensamiento integrado esta trayectoria en espiral permite *consumir energía-recuperar energía* (regenerar energía asociativa) en un mismo ciclo de traslación en una determinada dirección.

Ahora bien, entonces: la segunda configuración-contenido de conformación de la trama del continuo implicaría que el núcleo de la GEA emitió la trama de asociaciones elementales en configuración-contenido de *espiral.*

Sin embargo, la más óptima configuración-contenido, en esta segunda hipótesis, es que el núcleo de la GEA haya rotado sobre un eje que giraba trescientos sesenta grados desde su punto o núcleo medio o central emitiendo un flujo de materia integrada por asociaciones elementales que arriban originando, en configuración contenido de espiral, desde la máxima velocidad de propulsión (en las circunvoluciones de menor diámetro) en expansión hacia la máxima velocidad de propulsión, al desarrollar circunvoluciones cada vez de mayor diámetro, hasta arribar a la detención del impulso, constituyendo así los límites del universo.

Tal movimiento de la trama elemental de la materia originada en la GEA habría cubierto la totalidad del volumen del espacio asociativo que iba generándose al expandirse, y que iba conformando el universo.

Lo significativo de esta configuración-contenido de conformación de la trama total del continuo es que en la evolución asociativa del acontecimiento, la trama fue originando núcleos de materia asociativamente más compleja (niveles asociativos más complejos que el de la elementalidad) a los que pulsionó en su origen (en el origen de cada uno) con una configuración-contenido semejante, es decir, en espiral asociativa, lo que conformó las galaxias en espiral (y dentro de ellas los sistemas planetarios, como el nuestro).

Tal vez con esta segunda opción asociativa pueda descubrirse –aún en parte– cómo se fue conformando el universo –su configuración-contenido evolutivo– desde el acontecimiento de la GEA.

Segunda opción de traslación de la materia elemental

Es curiosamente significativo que la traslación en espiral sea considerada una *onda*, la que resulta evidentemente una representación en plano de la trayectoria espiralada, que es de sustentación de la energía asociativa constante en movimiento de traslación.

Queremos decir que la representación visual (conceptual) de una onda que ha generado el pensamiento indagador, representa en realidad una traslación de materia elemental en configuración-contenido espiralada.

Tal vez esto nos aproxime a otra opción de sostenimiento de una velocidad constante (la de la luz) en todo desplazamiento por el espacio del continuo de materia elemental, como, por ejemplo, la materia emitida desde una es-

> trella incandescente o un cuerpo celeste no incandescente, pero que emite ondas. Al fin y al cabo la luz, es decir la traslación de materia emitida por un cuerpo celeste incandescente, sólo es visible para nosotros cuando arriba a una fuente receptora. Si no, es como cualquier otra onda en traslación por el espacio del continuo, no visible para nosotros.

De todos modos arribamos a la realidad *de un continuo que desde el origen de su acontecimiento de origen ha estado en expansión, y entonces en traslación.* Y más allá de hallar una explicación, descubriendo el transcurso de su evolución asociativa debemos reconocer que en dicho acontecer evolutivo de ese acontecimiento del origen se originaron innumerables tramas asociativas de una gran diversidad de complejidades asociativas, desde acumulaciones de materia en niveles asociativos tal vez menos complejos que el de los átomos, hasta estrellas incandescentes, intensas emisoras de materia que *se traslada* por la trama de asociaciones elementales que conforma el espacio total del continuo.

Al "detenerse" (o disminuir en intensidad) la expansión de la trama de asociaciones elementales pulsionadas por la GEA generando el espacio del universo (posiblemente a velocidades [ve]), los núcleos complejos emisores de materia (astros incandescentes) emitieron y pulsionaron (emiten y pulsionan) a la materia que los constituía en todas direcciones a velocidades [vt], por toda la trama del universo.

Desde el origen del universo, es decir, desde el origen de la primera asociación elemental, la cualidad esencial de toda la trama en evolución de la materia constitutiva del universo se ha regido por la *asociación transmutativa* o la *transmutación asociativa,* y por una *dinamicidad asociativa* constante debido a esta condición o cualidad esencial de la materia asociada (debido a la configuración-contenido de su origen.

Entonces, y en síntesis: hemos arribado al concepto de *asociación elemental* (unidad elemental de la materia); de *energía asociativa elemental;* de la configuración-contenido *asociación-acción asociativa* desde la elementalidad; y de *espacio asociativo elemental.*

Nos aproximaremos ahora al concepto del *tiempo asociativo*. Y reafirmamos lo enunciado anteriormente definiéndolo como el lapso que "se extiende", que transcurre entre el acontecimiento de origen y el acontecimiento de extinción de una asociación o trama asociativa. Es decir la totalidad de la *evolución asociativa* de la misma, y, en consecuencia, de su *existencia asociativa* (existencia como materia asociada y en transmutación).

Nos preguntamos: en el origen del acontecimiento de la GEA, es decir, en el acontecimiento del origen del continuo, las asociaciones elementales que se originaron inicialmente, ¿fueron "lanzadas", o impulsadas, por la energía asociativa (acción asociativa) de las asociaciones que se originaron posteriormente (o subsiguientemente) en direcciones diversas según la pulsión de la trama de asociaciones elementales, es decir, que se iba originando?

Digámoslo de otro modo: si la asociación elemental (a) fue una de las primeras en originarse, ¿la pulsión de los subsiguientes que se iban originando durante la evolución asociativa de la GEA, la lanzó a gran velocidad hacia "adelante" (o hacia "afuera"), como si hubiese sido una bala disparada por un arma?

No, para el pensamiento integrado.

Veamos esto detenidamente, dado que es de gran importancia para la *Teoría*.

Para nosotros, lo que sucedió desde el origen de la asociación elemental inicial (a) fue que se originó en ese acontecimiento, al "seguirla" una segunda o posterior asociación elemental (b), en su misma dirección, *un flujo de materia en traslación* (y).

Para comprender esto debemos considerar que la GEA ha sido una fuente de emisión de materia en forma de asociaciones elementales, tal como posteriormente serían (son) la estrellas incandescentes, como el sol.

En consecuencia, y considerando el eje de este flujo (y), afirmamos que la respectiva fuente de emisión inicial y de origen del continuo (la GEA) emite asociaciones elementales –que en este caso se van originando– en una secuencia subsiguiente b, c, d, e, y así sucesivamente, integrándolas al flujo (y) originado por (a).

Vale decir que, para el pensamiento integrado, la materia se traslada por el espacio del continuo (en este caso va generando esa trama) mediante el procedimiento de asociarse, cada una con la siguiente del flujo, asociación que se concreta mediante extinciones y orígenes sucesivos.

Las concentraciones de asociaciones de materia

Podemos considerar que esta emisión de flujos de materia elemental que se originan continuamente en la evolución asociativa de la GEA en todas direcciones desde el foco-núcleo de emisión de origen (estadio de origen de la materia elemental y estadio de emisión de ésta, a medida que se va originando en 360° del punto central). Lo que puede haber sido de evolución "irregular", lo que consistiría en dos alteraciones: una primera, constituida por la [ve], y una posterior, conformada por la [vt], como primera alteración; y la segunda que consistiría en irregularidades o alteraciones en el flujo inicial de emisión, lo que provocó aglutinaciones de materia elemental (o "grumos", o concentraciones) que posibilitaron el origen de la complejidad asociativa a partir de la asociación entre sí de asociaciones elementales conformando progresivamente niveles asociativos subsiguientes al de la elementalidad hasta, por ejemplo, la enorme complejidad asociativa de los átomos, con determinación de las asociaciones atómicas más elementales, como, por ejemplo, los átomos de hidrógeno, y aquellos que van a tramarse constituyendo cuerpos celestes de emisión de materia (trama asociativa de una estrella), en configuración semejante a la del núcleo inicial de la GEA, es decir, en un radio de 360° a partir del núcleo de la concentración de materia en estado de evolución hacia una mayor complejidad asociativa.

[Es significativo que la *Tabla* que conforman los átomos (en su configuración-contenido) exprese el concepto integrado de *concepto*, y la diversidad de conceptos (téminos conceptuales) que integra (conforma) a todo concepto. Prodríamos considerarlo paradigmático de tal configuración, y también referirlo no sólo a la cantidad determinada de componentes (su configuración-contenido) sino, por ejemplo, a la diversidad de intensidades, lo que expresaría la intensidad en determinación.]

Nos preguntamos: ¿extinguiéndose y originándose (o reoriginándose)?

Sí. Y este acontecimiento es fundamental para que la materia, en estado elemental, se traslade por todo el espacio del universo, a través de la trama de asociaciones elementales de materia que conforma la totalidad de ese espacio.

Para que la materia elemental se traslade de un punto a otro, debe existir una *fuente de emisión* que emita materia en estado elemental (toda onda que se traslada por el espacio del continuo está constituida por un haz o flujo de materia en configuración-contenido de *onda* (como es el caso de la luz), la que puede ser percibida –existiendo quizás una diversidad de ondas– de una diversidad de maneras, tal como es percibida la onda de la luz al arribar a una fuente de recepción (se ilumina ésta).

El pensamiento integrado enuncia que la materia se traslada por el espacio del universo conformando tramas asociativas integradas por una diversidad de niveles asociativos (astros, planetas, meteoros, cometas, galaxias, etc.), es decir, de diversa complejidad asociativa. Pero señala que la presente aproximación (lo que estamos acometiendo) se concreta al nivel asociativo de la elementalidad de la trama de asociaciones [**2m.ea**].

XIII

LA CUESTIÓN DEL ORIGEN Y DE LA EXTINCIÓN DE LAS ASOCIACIONES ELEMENTALES

En nuestro trabajo anterior ("*Acerca de la Partículas de Dios*", Proyecto Larsen, 2013) expusimos un interrogante que nos persiguió largamente. Pensábamos entonces que las asociaciones elementales se habían originado en el acontecimiento de origen del universo, que fue la GEA, y que se extinguirían asociativamente cuando aconteciera el acontecimiento de extinción del mismo, es decir, del universo, y que estábamos en presencia de "ladrillos" asociativos semejantemente diversos entre sí, a partir de los cuales todo podía construirse, en cuanto a creciente complejidad asociativa, y todo podía des-construirse después, retornando a la elementalidad de esos "ladrillos", antes de la extinción del acontecimiento de extinción, ya concluido el tiempo asociativo del universo.

Pero claro, eso implicaba claramente que aquello que lo constituía todo, esos "ladrillos asociativos" (las "*Partículas de Dios*", nuestras *asociaciones elementales*), debían considerarse *inmutables,* y entonces no estar implicadas en la extinción del continuo, por lo que además serían eternas... aún siendo materiales. O, sin llegar a este extremo (de rección determinante metafísica-dialéctica), enunciar que las asociaciones elementales, que se originaron dando origen al universo, perdurarían en existencia asociativa (en la elementalidad o conformando la complejidad asociativa evolutiva) hasta su extinción, coincidente con el acontecimiento de la extinción del universo.

La otra posibilidad era que aquellos que considerábamos "ladrillos" asociativos debían –luego de su acontecimiento de origen en la GEA– evolucionar asociativamente y arribar a su acontecimiento de extinción, el que sería a la vez el acontecimiento de origen de otra asociación elemental, endógenamente a la evolución asociativa del universo.

Nos focalizamos en esto. Y entonces en una asociación elemental [**2m.ea**]. Pensamos en cómo se había originado, al asociarse dos partículas indivisibles de masa generando la energía asociativa que las originó, en tanto sólo la asociación de *dos* partículas de masa podía integrarse con la energía asociativa originada en dicha asociación. Por lo que, entonces, *masa y energía* eran una única y misma cosa, sólo indisociables especulativamente (son el *ente-ser* del pensamiento integrado).

Evocamos, entonces, aquellas dos percepciones que nos conmovieron en el prolongado trayecto evolutivo de la *Teoría de la Integración:* la de Karl Marx, que en una carta a un amigo afirma que *economía* y *política* son una misma y única "cosa", un mismo y único concepto; y la de Einstein, que refiere que *masa* y *energía* son lo mismo, y conforman entonces una unicidad conceptual al ser representadas.

Sin embargo, al enfrentarnos con su tan interpretada: **$E=m.c^2$**, vale decir: *Energía es igual a la masa por la velocidad de la luz (c) al cuadrado*, comprendimos que Einstein arribó a lo que nosotros consideramos una verdad (c) del continuo aunque diversamente a la del físico, en tanto para nosotros la energía sólo puede ser *energía asociativa,* integrar una asociación.

Planteada como *energía* (E) la energía es un concepto metafísico-dialéctico. Afirmar que la energía es la masa, o que masa es lo mismo que energía, es una afirmación correcta (o en la dirección correcta), pero no verdadera. La unidad integrada es *una asociación* –y no una dualidad en la unidad, o una unidad dual–. La unidad *masa-energía* es en realidad la unidad **2m.ea**, vale decir, dos partículas indivisibles de masa, la *masa;* y la energía producida (generada) por dicha asociación, y entonces *energía asociativa.* Esta unidad es la unidad de la *materia.*

Entonces debemos considerar la fórmula de Einstein como: **E** (energía) transmuta a **ea** o **Ea** (energía asociativa), y **m** (masa) transmutando a **2m.**

Ahora bien: lo que nos resulta trascendente de Einstein es que consideró que *en relación* con la masa (para nosotros dos partículas indivisibles de masa) la E, o energía (para nosotros energía asociativa) es de una intensidad casi inconcebible, y resulta de multiplicar la masa (para nosotros las dos partículas indivisibles de masa asociadas) por la velocidad de la luz (300.000 km por segundo) elevada al cuadrado. Vale decir, en síntesis, que la energía asociativa integrada a las dos partículas indivisibles de masa, al constituir integradamente una asociación elemental de la materia, resultaría de multiplicar **2m** por **300.000 km/sg al cuadrado** (300.000 x 300.000), es decir, por la velocidad de la luz al cuadrado.

Vale decir que el espacio asociativo de una asociación elemental integrado por las dos partículas indivisibles de masa asociadas (la *asociación*) y la energía asociativa que constituye la *acción asociativa* (o aptitud, o pulsión de asociarse y transmutar) de esa asociación, detenta una energía asociativa de intensidad inconmensurable *relativamente* a tal elementalidad, y que sustenta nuestra teoría acerca de la traslación de la materia por el espacio del continuo, en lo que denominamos *acontecimiento de la luz.*

Todo el universo está *iluminado*. Toda la materia elemental del universo está en traslación, salvo la que está implicada en un nivel asociativo de mayor complejidad asociativa que la de la elementalidad, no perteneciendo a la trama espacial de la elementalidad, sino a tramas más complejas.

Lo prueban todas las concentraciones de materia, que toda trama de percepción visual puede percibir, registrar.

Siempre han de verse las estrellas innumerables en cualquier cielo del universo.

Ahora bien: para el pensamiento integrado, esos núcleos de materia en complejidad asociativa mayor que la de la elementalidad (en niveles asociativos más complejos que el de la elementalidad), y refiriéndolos al concepto integrado (o unicidad conceptual) *recepción-emisión,* se disponen en prácticamente la totalidad de intensidades de la unidad que representa ese concepto.

Así, existen núcleos de materia compleja que son *determinantemente receptores* de materia en estado elemental, y otros que son *determinantemente emisores* de materia en estado elemental. Por ejemplo, la Tierra en el primer caso, y el Sol en el segundo.

Y la diversidad de gradaciones entre un extremo de intensidad conceptual (en nuestros pensamientos) y el otro, es innumerable.

Pero debe quedar en claro que todo núcleo de materia compleja emite y recepciona, o recepciona y emite materia. El Sol, en tanto estrella incandescente, emite materia determinantemente, pero recepciona materia a la vez proveniente de las otras concentraciones emisoras (y de su propia materia "reflejada" por la Tierra, por ejemplo).

Entonces, estamos enunciando un universo que es un *continuo asociativo de materia*. Estamos sosteniendo que lo que conforma la totalidad del espacio asociativo del continuo es una trama de asociaciones elementales [**2m.ea**]. Estamos afirmando que se han conformado núcleos más complejos de materia (los astros celestes) en gran parte del universo, complejidad asociativa que se ha generado a partir del nivel asociativo de la elementalidad, a partir del cual se han ido conformando por evolución asociativa los sucesivos niveles asociativos de complejidad creciente, como ha sucedido, por ejemplo, con las tramas de átomos que han originado una diversidad de moléculas. Estamos focalizándonos en la traslación constante de la materia por la totalidad del espacio del universo, lo que se concreta –determinadamente– en la trama de las asociaciones elementales. Y es allí donde la traslación de materia en estado elemental origina el que denominamos *acontecimiento de la luz*. Y es a partir de este acontecimiento, que se da en la totalidad del espacio del universo, que arribaremos a los conceptos de la *unidad elemental de la energía*, de la *unidad elemental del espacio*, de la *unidad elemental de la masa*, de la *unidad elemental de la materia*, hasta arribar a la *unidad elemental del tiempo*, todas *unidades físicas integradas*.

¿Una unidad elemental del tiempo?

¿Una unidad elemental *física* del tiempo?

Sí.

XIV

LA UNIDAD ELEMENTAL FÍSICA DEL TIEMPO ASOCIATIVO

Ahora bien: si Einstein sentó las bases de un "acercamiento" del tiempo a la materia, en relación a lo que podríamos llamar *física clásica* (aunque aún en un *tiempo* "contaminado" de conceptualidad metafísico-dialéctica, como lo prueba sólo el *igual* de su ecuación $\mathbf{E=m.c^2}$ (es decir la aceptación operativa de la *igualdad,* concepto de concepto, no emanado de la indagación del continuo, y de índole metafísica-dialéctica), también se aproximó al concepto de *relatividad,* de *relativo,* pero no a partir de conceptualizar al término conceptual opuesto de la *absolutez* como especulativo, no existente en la trama del continuo, sino como el otro término –de plena existencia física– de la dualidad de oposición dialéctica-metafísica *absoluto-relativo.*

Einstein equiparó (incluso en su relación jerárquica) un término al otro (aceptó la dualidad), disminuyendo la mayor jerarquía del término *absoluto* sobre el otro, el de *lo relativo.* Pero lo reafirmó al afirmar que existe una velocidad que es un cociente entre el espacio y el tiempo, que es la velocidad de la luz, y que es *absoluta.*

Porque advirtió que diversas tramas asociativas en el universo presentan diversos tiempos. Pero claro, diversos tiempos de un mismo *tiempo,* porque el tiempo era una dimensión de la materia, del universo, y sólo podía transcurrir diversamente, en diversidad, si la trama en que estaba integrado era diversa, en cuanto a la velocidad, con respecto a la otra.

Digámoslo así en principio, aunque volveremos a aproximarnos.

Lo interesante es que Einstein se aproxima a lo sostenido por el pensamiento integrado, en cuanto a que *diversas tramas asociativas generan diversos tiempos asociativos.*

Veámoslo.

Para la *Teoría,* cada asociación y trama asociativa, en la totalidad del continuo (y éste mismo), posee un *tiempo asociativo* propio, peculiar y único (el que integra la individualidad o identidad asociativa), que es el lapso de la evolución asociativa que se extiende desde el acontecimiento de origen hasta el acontecimiento de extinción de cada una de éstas (vale decir sus *existencias asociativas*).

En consecuencia existen tantos tiempos asociativos como asociaciones y tramas asociativas tienen existencia asociativa en el continuo.

En este sentido, nos importa focalizarnos en la elementalidad. Una asociación elemental –si tenemos en cuenta la trama conceptual del pensamiento integrado– está integrada especulativamente por la *asociación* en sí (en este caso las dos partículas indivisibles de masa asociadas) y su *acción asociativa* (la energía asociativa que integra la asociación con las dos partículas).

La asociación elemental, en su acontecimiento de origen, ha generado el espacio asociativo en el que se dispone, y que la constituye. Un *espacio* propio y peculiar de dicha asociación, que contiene, entonces, a la asociación y la acción asociativa de ésta, vale decir, las dos partículas indivisibles de masa asociadas y la energía asociativa correspondiente a la asociación de éstas en el origen. La asociación elemental, desde su origen inicia lo que denominaremos su *evolución asociativa,* la que perdura hasta el acontecimiento de extinción de la misma.

Según la *Teoría,* la totalidad de las asociaciones elementales que conforman el continuo tienen que haberse originado en el transcurso de la GEA, y concretaron su *expansión* conformando la trama de la totalidad del universo.

¿Pero cómo fue esta expansión?

Estamos persuadidos que la trama de asociaciones elementales se fue conformando expandiéndose a la velocidad de la luz, o, es posible que a velocidades muy superiores a la de la luz, como ya adelantamos al referirnos a la [ve], o velocidad de expansión, y a la [vt], o velocidad de traslación. Vale decir que si pudiésemos descubrir el lugar del universo donde se produjo, originándose, la GEA, y si, a la vez, descubriésemos los límites del universo, podríamos saber, considerando la traslación expansiva de la materia elemental, y estableciendo, entonces, el acontecimiento de origen en la GEA y el acontecimiento de extinción en el límite adonde arribó la materia, la evolución asociativa de esta trama y el tiempo asociativo de la misma, vale decir, cuántos presentes (o crones) acontecieron entre el origen y la extinción (considerando así la llegada a los límites).

Claro que, como ya vimos, las asociaciones elementales que arriban a los límites del universo posiblemente no se extinguen, sino que expanden aún más el espacio del mismo.

¿Cuántos "presentes", dijimos?

Ya veremos por qué hemos denominado así al transcurrir del tiempo asociativo.

Lo que insistimos en describir es que el núcleo de la GEA –aquél en el que se originaron las asociaciones elementales en una evolución asociativa a partir del origen de la asociación elemental inicial— fue, en realidad, una *fuente emisora* de materia elemental que se expandió desde y hacia todos los puntos (en 360°) más allá de que el núcleo de partículas indivisibles de masa (lo que podría plantearse como el contenido) no tuviese una configuración determinada.

Lo que sí debemos aceptar es prácticamente la simultaneidad del origen de la totalidad de las asociaciones elementales. Toda la masa de partículas indivisibles de masa estuvo implicada en asociarse partícula con partícula (bipartícula de masa en energía de su asociación, o energía asociativa). Y eso es lo que define a la GEA como tal.

Lo que caracteriza, entonces, a esta trama de la GEA, es que "produjo" asociaciones elementales en una innumerabilidad súbita (relativamente), masiva, innumerable y continua, aunque tal vez la evolución asociativa sea la correspondiente al acontecimiento de la expansión, y no a la del acontecimiento del origen. Así, si nos imagináramos los "instantes" iniciales de la GEA, concluiríamos en que cada asociación elemental que se originaba, con la pulsión inicial se asociaba (establecía una asociación) con la asociación elemental previa que se expandía en su misma dirección, extinguiéndose y reasociándose instantáneamente en otra asociación elemental, acontecimiento que provocaba una pulsión de gran intensidad, debida al nuevo origen, o reorigen, y a causa de la energía asociativa que la impulsaba a la velocidad de la luz o velocidad de la energía asociativa, para nosotros, hasta que la asociación elemental que la subseguía se asociaba con ella reoriginando el ciclo de pulsión por la energía asociativa a la velocidad de la luz, generando, entre todos los integrantes de ese haz o flujo, espacio asociativo, vale decir, espacio del continuo en formación.

Es decir que el ciclo de origen, por asociación con otra asociación elemental, implicaba una reintegración de las dos partículas de masa con la energía asociativa, lo que implicaba la pulsión de una energía elemental de tan enorme intensidad que trasladaba a la misma a la velocidad de la luz.

La velocidad es un concepto relativo

Hoy estamos persuadidos de que los haces o flujos de asociaciones elementales iniciales, es decir, aquellos que fueron emitidos por el acontecimiento de la GEA, y mientras éste perduró –es decir, mientras se dio su evolución asociativa, hasta su acontecimiento de extinción– fueron pulsionados a velocidades mayores a la de la luz –vulnerando así la teoría de Einstein de que la velocidad de la luz es una velocidad absoluta, en tanto máxima velocidad que puede alcanzar la materia en su traslación por el espacio del universo–.

Vale decir que velocidad "absoluta" por máxima. La absolutez se refiere, entonces, al *quantum* de la misma, al límite extremo, y no, por supuesto, a que sea la única velocidad existente en el universo.

Sin embargo, si la velocidad de la luz es la velocidad de la energía elemental, vale decir, de la traslación de la materia elemental por el espacio del universo, esta afirmación de que es un valor absoluto –y entonces de referencia para la ciencia o la indagación contaminada de conceptualidad metafísica-dialéctica– sería equivocado si se descubriera que esta velocidad de

> traslación [vt] se intensificó intensamente durante la evolución asociativa de la GEA: [ve] integrada a la [vt]; o [ve] transmutando a [vt] al extinguirse la GEA u estadio de origen del universo.
>
> La que Einstein caracteriza como velocidad de la luz o de traslación de la materia elemental por el espacio del continuo no sería un valor absoluto, es decir inmutable, inalterable, inmodificable, siempre igual a sí mismo, y así sucesivamente, sino sólo un valor de intensidad de velocidad *relativo*, por lo que el concepto de *velocidad* sería la unidad de una diversidad de unidades, es decir de velocidades tal como la [ve], o *velocidad de expansión* de la materia elemental por el espacio del universo; como la [vt], o *velocidad de traslación* de la materia elemental con posterioridad a la extinción de su expansión; y así sucesivamente, como, por ejemplo, la [vs] o *velocidad del sonido* en la atmósfera terrestre.
>
> Abril de 2014

Vale decir: estamos persuadidos de que la materia, en el nivel asociativo de la elementalidad, se traslada por la trama de asociaciones elementales que conforma la totalidad del espacio asociativo del universo, y desde una fuente de emisión, mediante su cualidad esencial de asociarse y transmutar, o sea extinguiéndose al asociarse y originándose en el mismo acontecimiento al asociarse después de haber sido impulsada a ello –y en la dirección del haz o flujo que integra– por la energía asociativa de las dos asociaciones elementales implicadas, a la velocidad de pulsión de dicha energía elemental que nosotros consideramos es la velocidad de la luz, o [vt], velocidad de traslación de la materia elemental (al menos después de extinguida la GEA).

Esta velocidad, entonces, la del acontecimiento de la luz, es la velocidad relativa a las asociaciones elementales y a sus energías asociativas, trama que tal vez sea como la proyectó Einstein –coincidimos con semejante grado de intensidad de la energía en relación con las dos partículas de masa asociadas–, representándola a la energía (**E** para Einstein, **ea** para el pensamiento integrado) como *igual* (para Einstein), *equivalente* (para nosotros) a la **m** (masa para Einstein), **2m** (*Teoría:* 2 partículas indivisibles de masa) por la velocidad de la luz al cuadrado (c^2).

La evolución de la dualidad absoluto-relativo

Se hayan producido o no durante la GEA velocidades superiores a la [vt], o velocidad de la luz, esto debe ser considerado. Y, al hacerlo, conceptualmente dejamos de lado la dualidad conceptual *absoluto-relativo* o *relativo-absoluto*. Acontecimiento que culmina una evolución asociativa que consistió en otorgar, durante más de veinte siglos, la categoría de mayor jerarquía al concepto de *absoluto* sobre el de *relativo* (se arribó al punto de intensidad del condicionamiento, más allá del de determinación) por la que se denomina física clásica; posteriormente, a principios del siglo XX se "equilibró" el ordenamiento jerárquico en el interior de la dualidad al establecerse prácticamente una mayor jerarquía al término conceptual de *lo relativo* (Einstein y su *Teoría de la relatividad*), aunque manteniéndose vigente la dualidad al asignársele un "ámbito" a cada término (la velocidad de la luz a *lo absoluto*, y el tiempo a *lo relativo*); se continuó, ya netamente en el ámbito de la filosofía, manteniendo la dualidad pero reduciendo al mínimo de jerarquía conceptual al término de *lo absoluto* (del *ser*, previamente *Ser)* transformando la dualidad en *Ente-es*, según el pensamiento de Heidegger; hasta llegar finalmente al pensamiento integrado, propio de la *Teoría de la Integración*, en la que sólo existe la unicidad conceptual de *lo relativo* en la trama del continuo, constituyéndose, en todo caso, *lo absoluto* como el extremo de menor intensidad conceptual de aquél, y conformando parte de la trama conceptual que representa lo que no se conoce, lo que no ha sido indagado, es decir, la divinidad, Dios, siendo *lo absoluto* una de sus cualidades, vale decir, una de las cualidades de lo no conocido ni descubierto, ni, entonces, asociado.

Pero, si bien a la traslación de materia en estado elemental la denominamos *el acontecimiento de la luz*, ésta sólo se evidencia como tal al arribar a una fuente de recepción o al interponerse un núcleo de materia más compleja asociativamente. Porque entonces éste *se ilumina*. La luz se visualiza al ser interceptada, porque ilumina la fuente de interceptación o recepción. El universo se conforma, se integra con fuentes de recepción de materia en traslación que se iluminan. Desde "pequeñas" fuentes de recepción (a nivel atómico o molecular deben verse iluminadas) a los gigantescos astros.

Todo núcleo de complejidad asociativa, más allá de la elementalidad, es una fuente de recepción-emisión.

Y, como ya afirmamos, hay núcleos de complejidad asociativa meta-elementalidad, que emiten materia con mayor intensidad (el Sol) o menor intensidad (nuestra Luna). Y recepcionan materia desde fuentes de origen-emisión, y emiten materia de acuerdo con (relativamente) la intensidad de la que reciben.

Nuestra Luna está iluminada porque intercepta flujos de materia en traslación desde todo el sector del universo correspondiente a la totalidad de su superficie. Con mayor intensidad en una "cara" que en la otra "cara", porque la más iluminada recibe las emisiones (los flujos emitidos) por la Tierra. La otra "cara", a la que se cree oscura o no iluminada, *está iluminada,* sólo que con flujos de materia menos intensos, que provienen de astros celestes más lejanos.

Y la Luna emite los flujos de materia recepcionados. Y parte de éstos arriban a la Tierra, por lo que habrá flujos desde el Sol –determinadamente– que recepciona la Tierra, y flujos de materia desde la Tierra a la Luna, y desde ésta hacia aquélla, y, por supuesto, hacia el espacio del continuo (así desde una remota galaxia podrá verse la luz de nuestro sol, y la luz de éste recepcionada y emitida por los planetas de la trama solar, iluminados visiblemente).

Los ojos de las asociaciones humanas individuales son esencialmente perceptores de *luz,* es decir, no de la materia trasladándose por el espacio del continuo, sino de ésta cuando arriba a una fuente receptora de tamaño y complejidad asociativa suficiente.

Vemos una gran parte del espectro de la diversidad de intensidades de la luz recepcionada (no vemos, por ejemplo, la intensidad del infrarrojo o del ultravioleta). En el arte a esta diversidad de intensidades se la denomina *contraste de valor.*

Centrémonos, ahora, en el *acontecimiento de la luz.* En ese acontecimiento en que una asociación elemental, pulsionada por la asociación con otra, se extingue y se origina después de recorrer un trayecto (atravesar el espacio) a la velocidad de la luz, hasta extinguirse y reoriginarse al asociarse con otra asociación elemental, quedando en el lugar, en el espacio que ésta ocupaba, pulsionándola en la dirección del flujo que integran (van integrando), a la velocidad de la luz (de la energía asociativa elemental) hasta la nueva asociación con otra asociación elemental.

Lo que necesitamos resaltar claramente es que esta traslación de materia se concreta por la [*extinción – origen – evolución asociativa – extinción*] de asociaciones elementales, o unidades elementales de la materia. O, si lo representamos con mayor precisión: *origen-evolución asociativa-extinción* de una asociación elemental.

Para la *Teoría de la Integración* este acontecimiento asociativo se reitera en la totalidad de la trama del continuo, y al nivel asociativo de este mismo. Tal como la configuración-contenido de *asociación-acción asociativa.*

Ahora bien: en la totalidad de las asociaciones o tramas asociativas que integran el continuo, en el acontecimiento de su existencia asociativa, se denomina *tiempo asociativo* al lapso entre su origen y extinción; y esto también sucede en las asociaciones elementales de la materia.

Pero nos importa fundamentalmente cuando las asociaciones elementales están en traslación por el espacio del continuo.

¿Por qué?

Porque al trasladarse a la velocidad de la luz, si es ésta la velocidad máxima a la que son pulsionadas las asociaciones elementales por sus energías asociativas, nos encontraremos con un tiempo asociativo *común,* semejante, a *todas las asociaciones elementales en traslación en la totalidad del espacio del continuo.*

Para la *Teoría de la Integración* este tiempo asociativo es el tiempo asociativo elemental, *"presente"* (en existencia asociativa) en la totalidad del universo. Por lo que considera que es la *unidad elemental del tiempo asociativo.* La unidad *física elemental* del tiempo. Lo que la *Teoría* denomina *cron* o *presente.* Integrante indisociable (salvo especulativamente) de la unidad elemental de la materia.

Nota adjunta

Nos preguntamos si hay algún punto del continuo sin pertenencia a la trama elemental. Y nos respondemos que no (sería entonces un "punto" metafísico-dialéctico, no material, no físico). Vale decir, que la trama elemental es total, lo "ocupa" todo, genera y conforma la totalidad del espacio. En consecuencia, la traslación de la materia elemental se da a través de esos puntos, cada uno de los cuales es el ámbito de una asociación elemental .

La diversidad radicaría, entonces, en la intensidad –secuencia de intensidades– de materia elemental en traslación que "pasa" por esos puntos en los que siempre existe una asociación elemental, conformándolos.

Digámoslo así: hay puntos (asociaciones elementales) constituyendo la trama del continuo que tienen una actividad traslativa-transmutativa de la más baja intensidad posible. Es decir que el paso de un haz o flujo de asociaciones elementales utiliza muy dilatadamente ese punto, provocando en cada caso la extinción-origen en el curso del mismo para activar la energía asociativa como impulsora de dicho haz.

Por supuesto que nos referimos a asociaciones elementales de la trama elemental por donde se traslada la materia en el espacio del continuo (espacio de la trama, integrado por los espacios de las asociaciones elementales que la integran).

Sin embargo, más allá de la intensidad de la secuencia de los haces o flujos (los que parten de una estrella incandescente son de la mayor intensidad de dinamicidad posible) el acontecimiento de la luz (de la traslación de materia elemental) es *semejante siempre*, más allá de la intensidad de la secuencia.

Si denomináramos *pin* a cada acontecimiento de la luz (extinción-origen-extinción) en la materia elemental trasladándose, habrá flujos muy intensos (mayor intensidad de la secuencia de *pines*), y habrá flujos casi inertes, o casi carentes de actividad. Sin embargo, cada *pin* es semejante a los demás *pines*, y sus tiempos asociativos son semejantes en todo el universo, por lo que el tiempo asociativo (entre origen y extinción de un *pin*) es semejante en todos, por lo que podemos distinguir y señalar un acontecimiento de la materia elemental que se da en un semejante tiempo asociativo en todos los casos, en todo el universo.

Este tiempo asociativo elemental de la traslación de la materia en estado elemental, semejante en la totalidad del universo, vale decir, en cualquier punto del espacio del mismo, es al que consideramos la *uniadad elemental del tiempo asociativo*, y denominamos un *cron* o un *presente*.

XV
EL CRON O PRESENTE

¿Por qué nos referimos al *cron* como *presente*?

Porque ese lapso *físico* entre el origen y la extinción de una asociación elemental –unidad elemental de la materia– trasladándose por la trama de asociaciones elementales que conforma el espacio del continuo, lapso que se denomina *tiempo asociativo* de esa asociación, o tiempo entre el origen y la extinción de la misma, es, para el pensamiento integrado, una unidad del único "tiempo" que tiene existencia asociativa en el continuo o universo: el *presente*. Por lo que la sucesión de crones o presentes va conformando el tiempo asociativo del universo desde el acontecimiento del origen de éste, es decir, desde la GEA.

La trama espacial elemental

Debe comprenderse que el espacio total del continuo sólo puede estar integrado por una trama de espacios asociativos (afirmación especulativa, en tanto el espacio de una asociación elemental es el espacio de la energía asociativa integrada a las dos partículas indivisibles de masa). Por lo que, para el pensamiento integrado, no pueden existir "partes" del espacio del universo que puedan ser consideradas sin espacio. Especies de "agujeros" a-espaciales, o ámbitos por donde la materia no se traslada porque no se ha generado allí la trama de espacios conformada por los espacios de las asociaciones individuales. Ésta podría ser una explicación acerca de los denominados "agujeros negros" por la ciencia, concepto en el que no creemos, salvo si son ámbitos del universo por los que aún se está expandiendo la materia elemental proveniente de la GEA (o es lo que percibimos en estos presentes, pero que ya se ha extinguido hace mucho). Por lo que un "agujero negro" debería definirse como un acontecimiento de expansión de la materia elemental generando espacio del universo al tramar sus propios espacios por expansión, lo que puede ser "visto" por el pensamiento bajo rección bimilenaria metafísica-dialéctica como un acto de violencia, vale decir, "algo" que "se traga", "se devora" a la materia, a los astros celestes que se aproximan.

Entonces, *cron* o *presente:* unidad elemental del tiempo asociativo (o si se quiere, simplemente del tiempo). Integrante de la evolución asociativa de una asociación, unidad elemental de la materia. Porque, como ya hemos enunciado en nuestra obra anterior acerca de la *Teoría integrada de la materia, el espacio y el tiempo,* de los "tres tiempos" imaginados (conceptualizados) por el pensamiento bajo rección determinante metafísico-dialéctica: pasado, presente y futuro, sólo el presente tiene *existencia física,* integra la totalidad de la trama de la materia o universo, es parte integrante de ella, indisociable de ella.

¿Y los acontecimientos asociativos que a un presente determinado ya han arribado a su acto de extinción y para aquel pensamiento son "pasado"?

Para el pensamiento integrado sólo tiene existencia asociativa aquello que es parte integrante de la sucesión de presentes, de cada presente. Y si ya se ha extinguido e integra la sucesión de presentes es porque se ha integrado a su vez a una trama asociativa que posee existencia asociativa en ese transcurrir sucesivo de los presentes. (Ver *"Teoría integrada de la historia",* de Felder).

No importa la ilimitada inmensidad del universo: en uno de sus extremos está concretándose (originándose, evolucionando, extinguiéndose) un *cron, a la vez* que está concretándose otro *cron* en el otro extremo del universo.

Podrá considerarse de este modo *un presente simultáneo* para la totalidad del universo, en su evolución asociativa.

Desde otra aproximación: si la materia elemental se traslada por la totalidad de la trama elemental espacial del universo, puesto que desde cualquier punto físico del universo se ve la luz (materia trasladándose) iluminando (cuando ilumina, en el acontecimiento de iluminar) a toda fuente receptora, entonces en cualquier punto físico de esa trama una asociación elemental está evolucionando en su tiempo asociativo desde su origen hasta su extinción, lo que constituye un *presente.*

En consecuencia, *la simultaneidad* de todos esos acontecimientos asociativos, a los que definiremos como *crones* o *presentes,* conformarán el *presente del continuo,* cada presente sucesivo del continuo, del universo.

Presentes sucesivos (o el presente en la sucesión de presentes) de la evolución asociativa del universo.

Vale decir: inexorablemente un *cron* en existencia asociativa se dará simultáneamente con otro *cron*, pese a estar separados los puntos físicos que constituyen ambos por un millón de años luz. Ambos integrarán o conformarán, o formarán parte de uno de los presentes de la evolución asociativa del continuo en tanto unidad.

Asimismo, debe quedar en claro que sólo la asociación o trama asociativa que está integrada, que tiene existencia asociativa en cada presente, existe asociativamente. El *pasado* no existe, no hay un tiempo pasado, salvo especulativamente, si designáramos de este modo a aquellas tramas asociativas que se han extinguido, pero que tienen existencia asociativa por estar integradas a otra trama asociativa que aún no se ha extinguido, y tiene existencia asociativa y así evoluciona a través de la sucesión de presentes.

Sólo lo que transcurre en la sucesión de presentes del continuo tiene existencia asociativa, y entonces es parte integrante de la trama de presentes.

A la trama indagatoria de la sucesión de presentes se la denomina *Historia Integrada.* Ésta tiene como foco de indagación el presente, los presentes. Y no un *pasado* metafísico-dialéctico, que no tiene existencia asociativa, un tiempo ilusorio.

Nuestro pensamiento está "preparado" (ha evolucionado ya) para indagar la sucesión de presentes, vale decir, la evolución de todo acontecimiento en transmutación asociativa. No necesita "cadáveres" para indagar (acontecimientos "momificados"). No necesita indagar lo extinguido, porque lo extinguido no existe, no posee existencia asociativa, salvo que esté integrado a algo que sí posea existencia asociativa y su evolución asociativa transcurra de este modo en los presentes sucesivos del continuo. Pero debe constituirse en pensamiento integrado, impedir la determinación de la des-integración con respecto a la trama configuracional del continuo, la que es sostenida e incrementada por la conceptualización metafísica-dialéctica (aunque para el pensamiento indagador sea –engañosamente– sólo "dialéctica".

*

La indagación de *este* pensamiento integrado expresa, a través de la *Teoría de la Integración,* un acontecimiento fundamental: al reintegrarse a la trama del continuo evitando las alteraciones conceptuales (des-integración) que el Pensamiento, en su evolución de los últimos dos milenios, ha incorporado y generado, recupera su capacidad de descubrir, en una nueva e intensa aproximación, la verdadera trama configuración-contenido del universo, y entonces explicarse, comprender mejor a éste.

Y ésta es la capacidad asociativa de la perduración de la existencia asociativa de la *Asociación* de todas las asociaciones humanas, y su acción asociativa, el *Pensamiento.*

Nota del editor

La *Teoría del tiempo integrado,* y la aproximación a la unidad física del tiempo asociativo integrado, denominada *cron* o *presente,* integra la obra de Felder: *Teoría Integrada de la Historia,* Volumen I de la *Trilogía de la Historia Integrada,* a editarse en castellano durante el 2014 por el *Proyecto Larsen Filosofía.*

Dicha *Trilogía de la Historia Integrada* está constituida por el Volumen I: *Teoría Integrada de la Historia;* el Volumen II: *Las sociedades igualitarias;* y el Volumen III: *Breve Historia de la Sociedad Argentina 1806-1976. desde su acto de origen, entre el 25 de junio de 1806 y el 9 de julio de 1816, hasta su acto de extinción, entre el 28 de junio de 1966 y el 24 de marzo de 1976* (Buenos Aires, 2012).

III

REFUTACIÓN CONCEPTUAL DEL PENSAMIENTO DE EINSTEIN

I

RELATIVO Y "ABSOLUTO"

El pensamiento integrado, propia de la *Teoría de la Integración*, sostiene que el concepto de *absoluto* o *absolutez* es un concepto de concepto, es decir emanado de otro concepto (como veremos, siempre por oposición, en el último bimilenio, debido a la rección determinante-condicionante metafísica-dialéctica) y no representa, entonces, a ninguna trama, relación o acontecimiento integrante del universo o continuo asociativo de la materia.

Desde Platón –como origen simbólico– la rección metafísica-dialéctica *configuró* la totalidad de la trama conceptual con la que el pensamiento ancestral pensó y piensa, en dualidades de oposición jerarquizadas, tal como el paradigma de la *infinitud-finitud*. Así, en nuestro caso, al concepto de *relativo*, aplicable y emergente de la indagación de todo el continuo, se le opuso un concepto creado por el pensamiento especulativo: el de *absoluto,* jerárquicamente superior a su par conceptual en la dualidad de oposición regida determinadamente (y condicionadamente) por la conceptualización metafísica-dialéctica *absoluto-relativo,* en tanto *lo absoluto,* representaba a una cualidad, no del continuo de la materia, sino de la divinidad, de Dios (de los Dios), o, como ya hemos manifestado, del *Ser* de la entidad esencial *ente-ser,* transmutada, desde Platón, como *Ser-ente.*

Este término conceptual, creado especulativamente, sostuvo su verosimilitud física en la asociación con su par, concepto o representación sí emanada de la indagación del continuo. Así, lo *finito* dio verosimilitud material, real, a *lo infinito,* y a la vez éste fue y es jerárquicamente superior a la *finitud.*

Ahora bien: con estas herramientas conceptuales imaginó Einstein su *Teoría de la relatividad,* y todas sus afirmaciones posteriores (así como la totalidad del pensamiento contemporáneo a partir de Einstein).

¿No se cumple aquí lo de "construir sobre la arena"? Porque ¿se puede indagar el mundo físico con las herramientas conceptuales del "mundo metafísico"?

Hasta este presente, hasta el origen de esta *Teoría* del pensamiento integrado, la totalidad de las asociaciones humanas han pensado –lo han pensado todo– con estas herramientas erróneas, fallidas, falsas, perturbadoras, distorsionadoras, des-integradoras, las que se han basado, desde hace más de veinte siglos en creciente intensidad, en la creencia, de que no pueden ser refutadas, porque son *condicionantes* del Pensamiento y de la trama del universo, y constituyen un acontecimiento *destinacional,* para ese Pensamiento, y centrándose en considerar que la dinamicidad de la totalidad del universo es generada por la oposición dual, por el enfrentamiento, la agonía, la jerarquía de un término, superior sobre el otro. Cuando el "motor" de la dinamicidad de la totalidad del continuo, desde el pensamiento integrado, es la capacidad, la aptitud, la pulsión de la materia a asociarse y transmutar, o a transmutar asociándose.

(No existe la dualidad conceptual *amor-odio*, sino la unicidad conceptual *amor*, siendo la codificación asociativa del *odio* un grado de la intensiodad, el de la menor intensidad posible, del *amor*).

Y no es la configuración-contenido de la trama del continuo la oposición jerarquizada en la dualidad, y entonces, en la representación, la dualidad de oposición conceptual. Esto es una grave deformación sostenida por el pensamiento humano de los últimos veinte siglos, dado que a cada trama del continuo le corresponde una sola representación conceptual, como unidad integrada por una trama de conceptos de su diversidad.

Así, para la *Teoría*, existe la unicidad conceptual *relativo*, y, en todo caso, sólo podía aceptarse que el concepto *absoluto* sea una unidad de la diversidad de *relativo*, es decir, el concepto de la menor intensidad posible de *relativo*. Pero sólo eso. Y nada menos.

Si aplicamos esto mismo, en la medida de lo posible, en tanto hay conceptos de conceptos especulativamente opuestos que no admiten convertirse en las codificaciones asociativas de sus pares representaciones reales del continuo, como componentes de los mismos –tal el caso de *infinitud, inmutabilidad*, y así sucesivamente, lograremos reconfigurar a los conceptos de la trama conceptual con la que nuestro pensamiento piensa.

De todos modos, tan sólo el considerar estas herramientas conceptuales bimilenarias que constituyen la trama conceptual de la Indagación (las ciencias, o la Ciencia); tan sólo de leer lo que sostienen la Física, las Matemáticas, y la totalidad de las ciencias físicas, como si fuesen conceptos físicos, herramientas operacionales de lo físico, representaciones emanadas de la indagación del continuo, a conceptos de conceptos, "representaciones" creadas, imaginadas por el pensamiento humano, o asignaciones a cualidades del Dios, como *atemporalidad, absoluto, infinitud, inmutabilidad, inmaterialidad, igualdad*, y así sucesivamente, arribamos a la conclusión de que a la luz del pensamiento integrado *deben ser puestas en revisión la totalidad de las cien-*

cias, la evolución asociativa del pensamiento científico, desde su origen. Y a una conclusión emergente de nuestra actual focalización: al aplicar Einstein la dualidad conceptual de oposición y de determinación metafísica-dialéctica *absoluto-relativo*, ha tornado a toda su *Teoría de la relatividad*, y de la *relatividad ampliada*, refutable, pasible de ser considerada errónea y paciente de falsedad y revisión, a pesar del paso adelante en la evolución asociativa del pensamiento indagador, que significa el haber dado "un paso más" en *la integración del tiempo a la materia*. Y ésta es la proyección intuitiva fundamental de Einstein.

II

LA CONCEPTUALIDAD EN EL LENGUAJE DE LA INDAGACIÓN

La "lección" que debe ser aprendida es que si bien existe un lenguaje de las matemáticas muy específico, éste está regido por la trama conceptual con la que el Pensamiento de la Asociación y los pensamientos individuales y colectivos piensan.

Veamos un ejemplo, ya abordando la célebre fórmula de Einstein:

$$\mathbf{E=m.c^2}$$

Conceptos implicados:

Energía (**E**)

igual = (*igualdad*)

masa (**m**)

multiplicada por (•)

velocidad de la luz (**c**)

potencia al cuadrado (^{2})

Varios de estos conceptos (como el de *igualdad*) están regidos determinadamente por la conceptualidad metafísica-dialéctica. Y esto implica que de una u otra manera (individualmente o en trama) están configurados por dicha rección des-integradora en relación con la trama del continuo, en tanto mezcla o combina o trama representaciones eales, físicamente verdaderas, emanadas de la *indagación* del continuo y representaciones *creadas* especulativamente por el Pensamiento.

Si consideráramos esta fórmula de Einstein desde el pensamiento integrado transmutaríamos la **E** (energía) a **ea** (energía asociativa); y la = igualdad por el concepto integrado de *diversidad-semejanza.*

Entonces: la **ea** es diversamente semejante a las **2m** (dos partículas indivisibles de masa) por la **vt** (velocidad de traslación de la luz) al cuadrado.

• Un ejemplo, en este sentido, es el concepto de *energía* (E). Para Einstein y el pensamiento regido dialécticamente (y también metafísicamente, aunque esta rección la niega o no la menciona el pensamiento científico), toda la energía (o dinamicidad) procede de (o se genera en) la relación entre opuestos. El pensamiento integrado sostiene, en cambio, que toda energía en el universo es generada por la asociación de asociaciones y tramas asociativas, pulsión que proviene en la totalidad de la complejidad asociativa meta-elemental, y de la elementalidad, es decir, de las asociaciones elementales integradas por dos partículas indivisibles de masa *asociadas* en energía asociativa generada en la asociación de las mismas (**2m.ea**).

En consecuencia hay al menos dos conceptos o representaciones de *energía* (y no dos términos conceptuales de la diversidad del concepto de *energía* –en tanto unicidad conceptual–).

• El concepto de *igualdad*, en un segundo ejemplo, no tiene existencia en la trama del continuo (salvo como una representación creada por el pensamiento que no representa a ningún acontecimiento o relación existente en la trama del continuo). Es un concepto de concepto, una creación especulativa en oposición, en una dualidad, al concepto de *desigualdad*, el que, para nosotros, está contaminado de rección determinante-condicionante metafísica-dialéctica, y debe ser transmutado a *diversidad*.

El continuo no se rige por la dualidad de oposición *igualdad-desigualdad* sino por el concepto integrado (unicidad conceptual) de la *diversidad en la semejanza*, o la *semejanza en la diversidad*.

• El concepto de *masa* padece también no de una diversidad de conceptos (o términos conceptuales); integrantes de su diversidad, en tanto unidad conceptual, sino que existen numerosos conceptos de *masa*.

Para el pensamiento integrado, la *masa* es representada por el *ente* del *ente-ser* siendo el *ser* la *energía asociativa*. O, si se quiere, la masa es la asociación y la energía asociativa su acción asociativa.

En este sentido la masa, en el concepto integrado, debe ser considerada como partículas indivisibles, que no se hallan en la totalidad de la trama del continuo desde la extinción del acontecimiento de la GEA, salvo asociadas de a dos unidades constituyendo las asociaciones elementales de la materia (**2m.ea**).

Vale decir que, para nosotros, la masa es siempre *bimasa*, y en tal asociación dual de ambas partículas de masa entre sí, generan y son generadas por la energía asociativa, o energía propia de dicha asociación.

La integración asociativa de dos partículas indivisibles de masa (no constituyen cada una en sí una asociación) en la energía asociativa, o propia de su asociación, conforma una asociación (unidad) elemental de la materia.

Y así podríamos continuar reflexionando sobre la conceptualidad en el lenguaje de la física-matemática, en este caso, o de la totalidad de la trama conceptual con la que opera la indagación (o ciencias, o pensamiento científico).

Es un grave error creer que el lenguaje matemático, por ejemplo, es "puro" de anfibologías (de doble sentido, del "vicio" de la palabra, es decir, del "otro" lenguaje), exento de conceptualidad. En la "frase" matemática 1 + 1 = 2, más allá de lo que denominamos en el pensamiento integrado *conceptualidad abierta* (la de los números), uno de los términos, el de la *igualdad*, es metafísico, un atributo o cualidad de Dios, no existe en el mundo físico, es un concepto de concepto, por lo que no puede ser utilizado por la indagación, salvo bajo expresa indicación de necesidades especulativas.

El pensamiento integrado reemplaza la dualidad de oposición metafísica-dialéctica de la *igualdad-desigualdad* por el concepto (unicidad conceptual) *diversidad-semejanza* o *semejanza-diversidad* (un solo y único concepto). (Como en el caso de Carlos Marx con *economía-política*, o de los primitivos *físicos-filósofos* griegos).

ΦL

III

EINSTEIN I

¿Cuál es el acierto fundamental de Einstein en la fórmula **E=m.c²?**

El hecho de que la energía (asociativa para la *Integración*) es casi inconcebiblemente superior, en cuanto a intensidad, a las dos partículas indivisibles de masa (2m) que conforman con ella (con la **ea**) cada asociación elemental. (Sólo evoquemos la dimensión de los espacios de cada uno de los planetas del sistema solar –la acción asociativa– en relación con esos cuerpos celestes –la asociación– (o semejantemente en la representación de los átomos).

Coincidimos que, siendo una unicidad conceptual, las **2m** y la **ea**, son una sola y misma cosa: una asociación elemental no integrada por otras asociaciones, y entonces no constituyendo una trama asociativa. Pero nos resistimos, y nos negamos, a afirmar que la masa y la energía son una y misma cosa. Son una misma cosa dos partículas indivisibles de masa y la energía asociativa que han generado y que generan. Esta unidad elemental de la materia ocupa un espacio asociativo que ha generado al originarse, y que perdurará desde su acontecimiento de origen hasta su acontecimiento de extinción, es decir, en la evolución asociativa de su existencia asociativa, configura su tiempo asociativo, individual, propio y único.

Para el pensamiento integrado toda asociación elemental esta integrada –en disociación meramente especulativa– por lo que denominamos la *asociación* en sí y la *acción asociativa* de la misma (o capacidad, o aptitud, o pulsión a asociarse y transmutar). Para el pensamiento filosófico el *ente-ser* integrado.

Ahora bien: si el canto de un pájaro diminuto puede escucharse a muchos kilómetros de distancia, podemos señalar (relativamente) que una pequeña "masa" está integrada a un enorme y extenso –relativamente– "espacio", que constituye su acción asociativa, el espacio de la energía asociativa de la "pequeña" asociación de *2m.ea*.

Estamos persuadidos que así sucede en las asociaciones elementales entre la bimasa (asociación) y la energía asociativa (acción asociativa), tal vez ésta en la intensidad de la velocidad al cuadrado, como asegura Einstein, es decir, un inconmensurable espacio-energía asociativa para tan pequeña cantidad de masa.

Lo significativo, a nuestro juicio, es que la energía asociativa de las asociaciones elementales es de tal intensidad en relación a la masa integrada, que pulsiona a ésta a la velocidad de la luz a través del espacio elemental del continuo. Lo que constituye *el acontecimiento de la luz* para el pensamiento integrado. Es decir la materia trasladándose por el espacio elemental, por la totalidad del espacio elemental del universo, o espacio de la elementalidad, no "ocupado" por materia en nivel asociativo de complejidad subsiguiente al de la elementalidad.

¿Por qué aceptar (y comprobar) que tienen existencia asociativa distintos niveles asociativos que "ocupan" tramas de diversa complejidad asociativa, como la atmósfera (en su diversidad de intensidades y diversidades), el agua, los diversos gases, etc., y asimismo niveles asociativos de las moléculas (como el aire o el agua) o de los átomos, y así sucesivamente, y no aceptar la existencia asociativa de una trama integrada por asociaciones elementales, la que ocupa y constituye la totalidad del espacio del universo, trama a la que el pensamiento indagador ha considerado un "*éter*", o posteriormente un "*vacío*"?

Porque esto tiene una incidencia de trascendencia al tratar de explicarse cómo se "transmite" o "traslada" la luz desde una estrella incandescente hacia todos los rincones del universo (pues desde todos los puntos del universo es posible verla, ver su luz, si nuestros ojos –nuestras retinas, en tanto fuentes de recepción– la interfieren), dado que se inventa, se imagina, entonces, que la luz se traslada, pero inmaterialmente, estando constituida por "fotones", o unidades de luz "inmateriales" (no existe la *inmaterialidad*, siendo un concepto de concepto), es decir, sin masa, sólo energía (por lo que no constituyen materia). Claro que esto supone invalidar aquella afirmación de Einstein de que *la masa es energía, y la energía es masa.*

Para el pensamiento integrado podría llegar a aceptarse el concepto de *fotón* si se lo considerase como la denominación del acontecimiento de la luz, vale decir, la evolución asociativa de una asociación elemental desde su origen hasta su extinción, origen a la vez de una nueva asociación elemental, siendo ambas parte de un haz o flujo de materia emitido por una fuente emisora de asociaciones elementales.

Asociación, no partículas

Insistimos rotundamente en que la elementalidad es asociativa, por lo que es erróneo utilizar la codificación asociativa de "partículas elementales" ("Partículas de Dios"), cuando sólo existen como parte integrante e indisociable de una asociación elemental, y en tanto partículas indivisibles de masa, la asociación que conforman dos de ellas generados por y generando energía asociativa, es una asociación elemental de la materia, y unidad elemental de la materia.

Las partículas indivisibles de masa no poseen existencia asociativa como tales en el universo, sino habiéndose asociado dos de ellas para conformar una asociación elemental, debido a la energía asociativa que originan al originarse, asociándose entre sí.

No existe materia integrada sólo por masa, o materia integrada sólo por energía, o masa no asociada con energía, o energía no asociada con masa.

La concepción de una "partícula de masa", o "un fotón de energía" –sólo masa, y sólo energía– trasladándose por todo el universo es una teoría que se fundamenta en considerar que el espacio del universo está vacío de materia, por lo que un impulso o pulsión inicial, de la fuente de emisión, mantendría indefinidamente su trayectoria al no encontrar resistencia alguna.

Pero esto es un error.

La totalidad de la trama del universo está constituida por materia elemental y concentraciones metaelementales (de complejización asociativa más allá de la elementalidad). Lo que sucede es que no se ha descubierto aún la trama de la elementalidad, de la materia elemental dispuesta por la totalidad del espacio del universo, y en constante traslación por el mismo, en tanto todo el universo está iluminado, toda fuente de recepción de la materia que interfiere o se interpone en los haces o flujos de la materia trasladándose se ilumina, está iluminada (como en nuestras retinas).

Lo que nos señala que la luz sólo es visible al arribar los haces o flujos de luz en traslación a una concentración más compleja de materia, es decir, de materia en una concentración de mayor complejidad asociativa que la de la elementalidad.

Ahora bien: toda concentración de materia de trama asociativa más compleja que la de la elementalidad constituye inexorablemente una fuente receptora-emisora, o emisora-receptora de materia elemental, como ya adelantamos. La Luna recibe materia elemental de la Tierra, ésta recibe materia elemental del Sol, a la vez que Tierra y Luna reciben materia elemental desde todos los astros y cuerpos celestes cuya luz llega hasta ellos (por eso los vemos). Sólo que dicha materia varía en intensidad: los flujos son más o menos intensos, según la fuente de emisión.

La trama de la atmósfera terrestre, por ejemplo, es una trama de materia mucho más compleja asociativamente que la trama elemental y en consecuencia es una trama de interferencia del arribo de los haces o flujos de materia elemental. Por lo que la trama de la atmósfera, si bien deja pasar a una parte de la materia elemental que arriba y está en dirección a la Tierra, ésta, como fuente de recepción (por estar en la dirección de esa trama de flujos), recepciona a otra parte de esa materia elemental que arriba. Cada molécula de la trama atmosférica recibe materia elemental en traslación, dependiendo la intensidad de lo que recibe de su complejidad asociativa (de ahí las alteraciones que provocan las tormentas solares).

Las consecuencias de la diversa intensidad de la recepción de flujos de materia elemental se manifiestan en dichas tramas por aumento o disminución de su temperatura, lo que ocasiona los determinados y diversos fenómenos atmosféricos.

Otro acontecimiento que evidencia la constante traslación de la materia elemental por la totalidad del espacio del continuo es la constante iluminación de los nuevos cuerpos celestes que no irradian materia elemental en forma de luz visible (como las estrellas incandescentes). Y que son fuente de emisión de baja intensidad.

Para que la materia elemental (la luz) recorra distancias prácticamente inconmensurables, *ilimitadas* (pero no "*infinitas*", pues éste es un concepto de concepto, un concepto especulativo propio de la rección determinante-condicionante metafísica-dialéctica), y entonces el universo es finito, porque ha tenido un acontecimiento de origen (la GEA o Gran Expansión Asociativa) y tendrá, inexorablemente, un acontecimiento de extinción, la materia elemental debe tener necesariamente, una "operatoria", una evolución asociativa que, al avanzar a través de la trama elemental, en una dirección espacial determinada (la que le impone la fuente de origen, emisora) deberá mantener constante la intensidad de la energía elemental, manteniendo de este modo constante la velocidad generada por la energía elemental o velocidad de la luz [vt].

Trasladándose a tal velocidad, la velocidad de la energía elemental, la materia se traslada a la velocidad de la luz. Es un haz o flujo de materia elemental que ante toda fuente de recepción se evidencia en luz, al ser recepcionado (ah, las sombras en luz).

Lo que señala que si se [origina – extingue – re-origina] integrando la evolución asociativa de su flujo, una asociación elemental de materia en traslación *no evidencia* visualmente su evolución asociativa, ni su existencia asociativa, ni su ciclo de origen–extinción, de no ser recepcionada por una concentración de materia de mayor complejidad asociativa, con la cual se asocia. Y esta asociación es la luz, se evidencia a través de la luz.

Algo iluminado es necesariamente materia de trama más compleja que la elementalidad en asociación transmutativa con un flujo de materia elemental en traslación por el espacio desde su fuente de emisión.

La luz sólo es perceptible en las fuentes de emisión y de recepción. Y en ambas –distinguidas especulativamente dado que son una unicidad conceptual– el arribo constante de materia elemental provoca aumento de la temperatura de la fuente, y dilatación. Asimismo, al emitir una fuente más de lo que recepciona pierde temperatura y se contrae.

IV
REFLEXIONES ACERCA DE LA TRASLACIÓN

Si bien ya nos hemos aproximado a este acontecimiento, creemos necesaria otra aproximación.

Enunciemos que la totalidad del espacio del universo está integrado por una trama innumerable de asociaciones elementales dispuestas en ese espacio (conformándolo), y ocupando, o generando, la totalidad del mismo, y una trama innumerable de concentraciones de materia elemental tramadas asociativamente en tramas asociativas de diversa complejidad asociativa en niveles asociativos subsiguientes al de la elementalidad.

En realidad, una trama universal de asociaciones elementales en el nivel asociativo de la elementalidad y en una trama innumerable de niveles asociativos de diversa complejidad asociativa, desde las asociaciones subatómicas (y la trama asociativa más elemental, es decir, la subsiguiente a las asociaciones elementales) hasta la complejidad más intensa alcanzada en la evolución asociativa del universo.

Vale decir que, para el pensamiento integrado, la totalidad del universo está integrado por asociaciones elementales [**2m.ea**] en diversos niveles asociativos de complejidad asociativa, desde el elemental. Asociaciones elementales que se originaron en la GEA inicial cuando –hasta donde es posible proyectarse ahora– en una masa de partículas indivisibles de masa, sin existencia asociativa, sin espacio ni tiempo asociativo, sin energía asociativa, se suscitó entre dos de esas partículas indivisibles de masa una asociación que genera, y se genera en una energía integrada a la bimasa asociada, de gran intensidad proporcional, que denominamos *energía asociativa elemental*).

Este primer origen asociativo, origina la asociación elemental [**2m.ea**] inicial u original. Y este solo e ínfimo acontecimiento asociativo, por la expansión espacial que supuso y la energía de pulsión asociativa que generó, inició una serie simultánea e inconmensurablemente innumerable de esas asociaciones elementales que generaron en su intensísima simultaneidad la *Gran Expansión Asociativa* (GEA), u acontecimiento de origen del universo.

Ahora bien: a nuestro juicio debemos considerar al núcleo de la GEA como la gran concentración inicial de generación de materia, de unidades elementales de materia. La simultaneidad de generación de espacios asociativos de las mismas (espacio de la energía o acción asociativa de cada una), va a conformar el espacio total del continuo, necesariamente mediante expansión..

Mas, ¿cómo se expandieron hasta los límites del universo las asociaciones elementales (desde las iniciales)? ¿Por la pulsión expansible de la GEA? ¿O ésta fue una pulsión inicial que originó flujos de materia elemental que con semejante impulso generaron todo el espacio del universo? ¿Por qué coincidió la pulsión inicial de la GEA con el acontecimiento de que la energía asociativa de cada asociación elemental era casi desproporcionadamente intensa a la bimasa que integraba la asociación misma, y, en consecuencia, provocadora de una dinamicidad capaz de imprimir a la asociación un desplazamiento de una velocidad tal que sería considerada como la velocidad máxima que podía existir en el universo, la llamada velocidad de la luz, que nosotros denominamos velocidad de la energía asociativa de la elementalidad en traslación (vt)?

La velocidad relativa

Insistimos en que es posible que en la evolución asociativa de la GEA se hayan concretado en las asociaciones elementales velocidades superiores a la de la luz o velocidad de traslación [vt]. De ahí que llamemos, a éstas, velocidades de expansión [ve], las que se dan cuando la materia se traslada inicialmente generando la trama de espacios asociativos que van a conformar la trama del espacio del universo.

Debemos entonces considerar que tampoco la velocidad de la luz es absoluta (para el pensamiento integrado, a nada en el universo se le puede aplicar la cualidad de "absoluto", puesto que éste es un concepto metafísico-dialéctico) y, en consecuencia, no puede ser un referente de medida para el pensamiento científico.

> El Pensamiento debe estar en condiciones, cuando se "descontamine" de la conceptualidad metafísica-dialéctica en grado de intensidad de determinación, de pensar en términos de transmutación asociativa, cualidad esencial del continuo.

Afirmemos que una asociación elemental originada en la GEA se desplaza, trasladándose mientras genera espacio asociativo en dirección libre (no encontrará fuente de recepción en su trayecto) hacia los que serán los límites o confines del universo.

Nos preguntamos: ¿podemos considerar que la primera asociación elemental de un haz o flujo determinado fue "pulsionada" por la siguiente asociación elemental en expansión en el mismo flujo, y ésta por una tercera; y ésta por otra; y así sucesivamente, conformando como una cadena o hilera que va pulsionando la última en integrarse al haz completo desde la fuente emisora?

Creemos que este haz, o flujo, no podrá sostener la velocidad constante de traslación de la materia elemental que la integra [vt], es decir, la velocidad de la luz. Necesariamente el flujo de asociaciones elementales *debe renovar constantemente su energía asociativa, y a lo largo de todo el flujo,* no importa que distancia recorra, hasta que arribe a una fuente de recepción.

Entonces debemos focalizarnos en este acontecimiento acerca de cómo la materia en estado elemental se traslada por el espacio del continuo, a velocidad física máxima constante y manteniendo la misma intensidad de la energía asociativa que la integra, de tal modo que en cualquier punto de la evolución asociativa del haz o flujo en traslación que integra, la intensidad de la energía asociativa elemental sea la misma.

Veamos alguna hipótesis proyectiva.

Es evidente para nosotros que cualquier transmutación en la elementalidad es asociativa (y entonces en la totalidad del continuo). Por lo que toda asociación de una asociación elemental con otra asociación elemental se concretará, será posible, podrá ser posible, pero, en principio –y esto es de gran importancia– al nivel asociativo de la elementalidad.

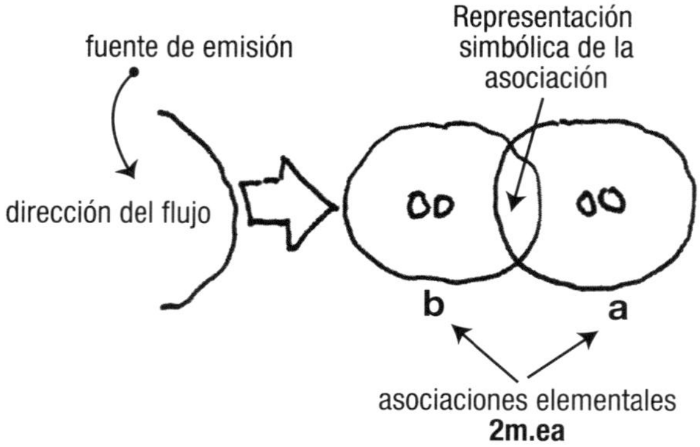

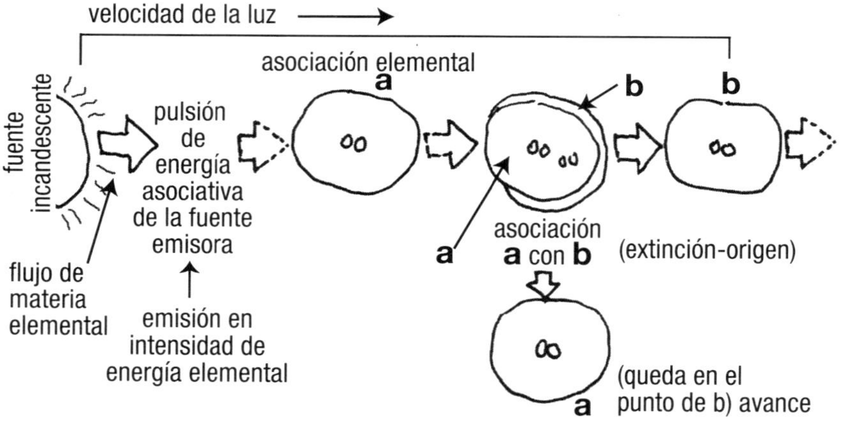

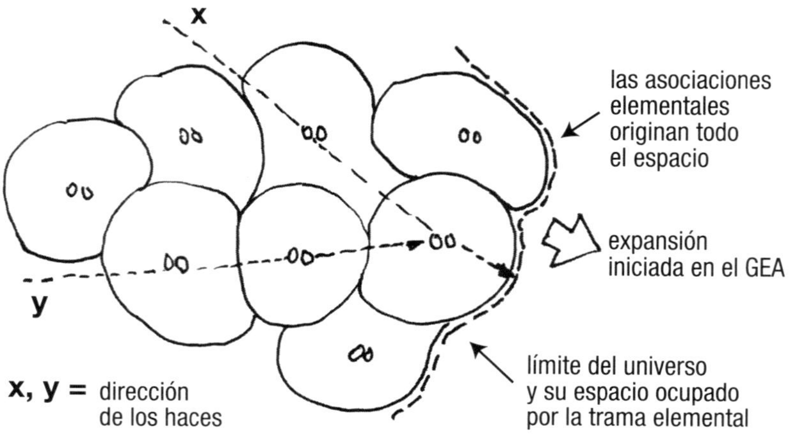

V

EINSTEIN II

Retomaremos –aunque nunca lo dejamos– lo expuesto por Albert Einstein especialmente en sus dos artículos que sustentaron su *Teoría de la relatividad*, los de 1905 y 1906.

• Su primera afirmación fue la de que no existe el tiempo absoluto, y que espacio y tiempo son relativos (y, en consecuencia, sus representaciones conceptuales son relativas).

Como ya enunciamos, para el pensamiento integrado la aseveración de Einstein es correcta, pero sin embargo se fundamenta en la patología asociativa conceptual que impuso en los últimos veinte siglos la rección conceptual determinante (considerada condicionante) metafísica-dialéctica sobre la trama conceptual del Pensamiento de la Asociación y entonces sobre la totalidad de los pensamientos colectivos e individuales que la integran.

De este modo, Einstein, al afirmar lo expuesto, lo hizo necesariamente desde la dualidad conceptual de oposición jerarquizada [*absoluto-relativo*] o [*absolutez-relatividad*], lo que al menos determina el concepto de *relativo*. Así el tiempo, que era considerado absoluto (una dimensión absoluta), Einstein sostiene que no es absoluto, sino relativo. Por lo que su transformación, su acción transformadora, se refiere a cambiar el término conceptual de la dualidad de referencia, negando, rechazando (o, en todo caso, desjerarquizando), el término conceptual *absoluto*, y reemplazándolo por el término *relativo*, el opuesto en la dualidad (al menos en ese caso).

Dicho desde el pensamiento filosófico, el físico jerarquizó al término desjerarquizado de la dualidad (*relativo*), y desjerarquizó al término jerarquizado por la física clásica (*absoluto*). Y éste fue el "avance".

El pensamiento integrado sostiene que el concepto de *absoluto* es especulativo, es un concepto de concepto (el concepto opuesto creado sobre el concepto de *relativo*, cualidad esencial que emana de la indagación del continuo), es una cualidad de la divinidad Dios, y constituye parte de la trama conceptual constituida por los términos conceptuales "divinos" de la *igualdad, la atemporalidad, la infinitud, la inmaterialidad*, etc.

Desde este punto de vista, su afirmación conceptual es diversamente semejante a afirmar algo así como: "no existe la materia inmaterial" o "no existe el tiempo atemporal". Y la posterior comprobación del físico inglés Arthur Eddington acerca de que Einstein tenía razón en la afirmación mencionada de que el espacio y el tiempo son relativos, se integra a esta trama regida por la conceptualidad metafísica-dialéctica bimilenaria.

• La segunda afirmación de Einstein refuerza nuestra refutación previa fundamentada conceptualmente (tal la "función" de la Filosofía Integrada): el físico afirma que existe en la naturaleza, en lo físico, en el universo, *un absoluto* que es un cociente entre el espacio y el tiempo, ambos relativos. Y ésta es una velocidad: la velocidad de la luz.

Entonces, Einstein, reafirma explícitamente que se rige por la dualidad conceptual de oposición [*relativo-absoluto*], y que vuelve a jerarquizar al término *absoluto* sobre el término *relativo* (para nosostros jerarquiza a la dualidad).

Pero ¿por qué el físico considera que esa velocidad es un absoluto, o su cualidad es la *absolutez*, y que se da a partir (por sobre de) una relación entre espacio y tiempo, dos relatividades?

En principio, porque es la manera que tiene la indagación de negarse a que se considere que es regida por la conceptualidad metafísica, aceptando la rección, en todo caso, de la "a-religiosidad" o "a-metaficidad" dialéctica. Que para el pensamiento integrado resultan indisociables, en tanto *metafísica* y *dialéctica* son dos componentes de la diversidad de una misma unidad conceptual.

Esto evidencia una evolución asociativa crecientemente patológica de la filosofía-las filosofías durante el bimilenio, y a partir específicamente de Platón (evocar que para el pensamiento integrado la patología es asociativa y se expresa en la des-integración del Pensamiento en relación con la trama del continuo, a la que pertenece integradamente dicho Pensamiento).

Ahora bien: el concepto de *absoluto,* al menos en Einstein, ¿representa a todo aquello que se cumple en todos los casos, sin excepción alguna? ¿O en realidad se trata de erigir un "monolito" inmutable, que permita referir a éste las demás medidas? Porque si todo, "absolutamente" todo, es relativo –para este pensamiento– entonces no hay un "metro patrón", en relación con el cual establecer el sistema métrico (un metro "absoluto"). Es decir, si la medida equivalente a un centímetro es relativa a cada metro, entonces un centímetro podrá medir doce o tal vez dieciséis centímetros...

Esta "necesidad" de *absoluto* representa finalmente el cosmos (el orden) ante la caótica trama –caótica e inasible– de relatividades y relativismos. Una medida, una velocidad "divina" (es decir, *inmaterial, inmutable, atemporal, eterna,* etc.): la velocidad de la luz einsteiniana.

Pero no sólo una velocidad absoluta es la de la propagación de la luz. Ésta, la luz, es también, en sí, *inmaterial.* Y se rige por la *igualdad,* porque siempre es igual a sí misma. Y así sucesivamente, siendo estas cualidades metafísicas-dialécticas, es decir, divinas.

Veamos esto, tan "metafísicamente" físico.

• Según la evolución del pensamiento indagador (y nos referimos en este caso a la teoría del físico escocés Clark Maxwell) la luz es una especie de vibración del campo electromagnético, el que es en sí una trama espacial de fuerzas que rodea a las cargas eléctricas en movimiento por el espacio.

Una trama espacial de fuerzas, una de las cuales es la luz. "Fuerzas" que deben definirse como integrantes de una trama de ondas electromagnéticas, las que se integran en diversas frecuencias (cada onda con una frecuencia diversa y relativa), pero todos con una velocidad común –y entonces absoluta–: la velocidad de la luz (para nosotros la [vt]).

Veamos esto.

En principio, que en este enunciado acerca de la luz no hay registro de masa o masas, o de materia, considerando a ésta como masa-energía.

La luz es una vibración más, otra de las múltiples fuerzas, una de las ondas del campo electromagnético que rodea a las cargas eléctricas en traslación, por el espacio del universo.

Vale decir que una trama (o "torrente") de cargas eléctricas se traslada por el espacio del universo, integrada por una diversidad de ondas electromagnéticas, cada una de las cuales opera en una frecuencia determinada, siendo una de ellas la luz, constituyéndose dicha trama en un campo electromagnético. La luz es, entonces, una vibración (naturaleza de "onda") de este campo, y que integra este campo.

Todo esto en movimiento por el espacio (vacío). (¿Ocupando el espacio, moviéndose en él...?)

Y dado esto –toda la trama diversa de "fuerzas", de "vibraciones", de ondas en frecuencias diversas y relativas– en movimiento conjunto por el espacio, constituyendo el campo electromagnético, a la velocidad de la luz, es decir, a la misma velocidad (Einstein).

¿Y cuáles son esas ondas "diversas" y *relativas* en movimiento por el espacio a la misma velocidad, la de la luz, término conceptual *absoluto* einsteiniano?

La luz, los rayos x, las ondas de radio, de televisión, de los teléfonos móviles, los microondas, y así sucesivamente.

Ante lo precedente, el pensamiento integrado propone establecer lúcidamente en qué nivel asociativo de la trama asociativa que constituye el universo se ha realizado esta trama conceptual (primera década del siglo XX).

Y la respuesta es clara y rotunda: en el nivel asociativo de la estructura atómica de la materia (trabajos de Einstein sobre la determinación de las magnitudes moleculares). Vale decir que la trama configuracional del universo se abordaba desde la convicción de que la materia estaba constituida por átomos y moléculas, en tanto tramas de átomos, tramada en la elementalidad.

Einstein, entonces, "retorna" a las propuestas de los físicos-filósofos integrados griegos. La elementalidad de aquéllos es su elementalidad. Sin embargo, las alabanzas laudatorias al físico alemán consideran el arribo a esta "elementalidad" un "avance" inédito e inigualable del pensamiento humano, en el siglo XX.

Ahora bien: debe considerarse firmemente que el establecimiento de la unidad elemental de la materia, el "otro extremo" del descubrimiento de la Unidad (el Todo, el Cosmos, el Universo) y que dio origen a la Filosofía hace veinticinco siglos, indisociable, aunque diferenciable especulativamente de la Física, va a determinar a la totalidad de la trama conceptual del pensamiento indagador. De ahí que a tal concepto de la elementalidad le corresponda tal concepto de lo que la conforma.

De este modo hay que abordar la "Teoría" de Maxwell, y las "extraordinarias" propuestas de Einstein.

• Las preguntas que a principios del Siglo XX se hace Einstein son muy significativas en relación con el nivel asociativo en que opera su pensamiento indagador.

Se pregunta:

• ¿cómo se genera la luz?

• ¿cómo se absorbe la luz en nuestros ojos o en las células fotoeléctricas?

• ¿la luz se genera y se absorbe de manera continua o por pulsos o pulsiones?

Einstein responde a la última pregunta, y se inclina por afirmar que lo hace por pulsos o pulsiones, "a saltos". Y plantea su teoría de los cuantos de luz, los fotones, lo que va a constituirse en pensamiento de la mecánica cuántica, relativamente reciente teoría que se focaliza en el nivel asociativo de los átomos que forman la materia.

Pero es fundamental que comprendamos que todo el verdadero sistema (o trama) teórico va a fundamentarse en los últimos descubrimientos indagadores en el nivel asociativo de los átomos como el nivel de la elementalidad de la materia.

¿Y qué importancia tiene esto?

Trascendental.

Sólo arribando a la elementalidad real, verdadera, de la materia de la trama del universo (la unidad elemental de la materia) será posible generar una más aproximada y entonces más integrada configuración-contenido del mismo.

Entonces el universo en la totalidad se presentará como la Unidad de todas las unidades hasta arribar a la unidad elemental. Por lo que quedará completa por primera vez la trama configuracional del universo, o continuo asociativo de la materia. (Lo que no significará que tal aproximación no sea más que eso, una aproximación, aunque sí exprese más precisión).

Veamos una aproximación posible a la configuración total del mismo.

Es evidente que hasta ahora –hasta estos presentes– hay un interesante conocimiento indagatorio del nivel asociativo de las moléculas y del nivel asociativo de los átomos y que ha comenzado hace unas décadas la indagación de los niveles asociativos metaatómicos. Es decir, han comenzado a individualizarse "partículas" endógenas de las tramas atómicas mediante el "bombardeo" de las mismas con otras partículas. Dos conceptos erróneos, según el pensamiento integrado, ya que no son "partículas" sino asociaciones, puesto que para este pensamiento la elementalidad es una asociación de dos partículas indivisibles de masa asociadas en energía asociativa generada por la asociación de las mismas en el acontecimiento de su origen; y en cuanto al "bombardeo" de una "partícula" por otra u otras "partículas", no es "bombardeo" o impacto, sino *asociación.*

Si consideramos, que la llamada *Tabla de Mendeleiev* (y su evolución posterior) agrupa un nivel asociativo, el de los átomos, según la estructura electrónica de los mismos, vamos a establecer el campo de la elementalidad, hacia el cual deben ir encaminadas las presentes y siguientes indagaciones.

Así:

- Nivel asociativo de la elementalidad

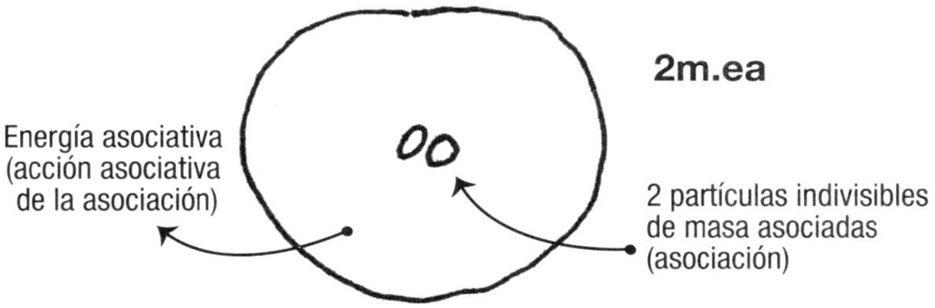

- Nivel asociativo de la complejidad asociativa elemental (o trama asociativa elemental):

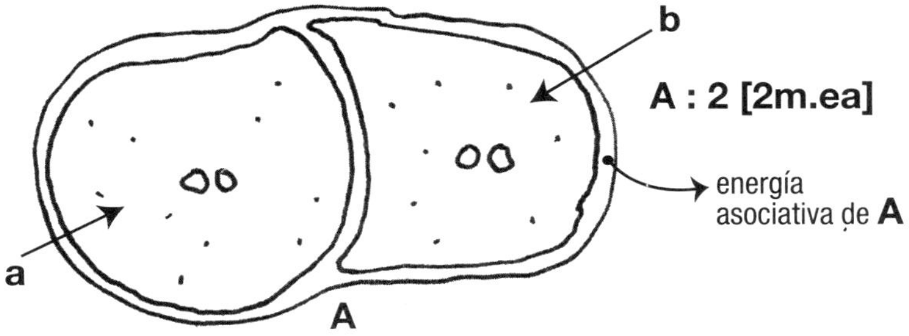

Por supuesto que los integrantes de este primer nivel de la complejidad pueden configurarse como:

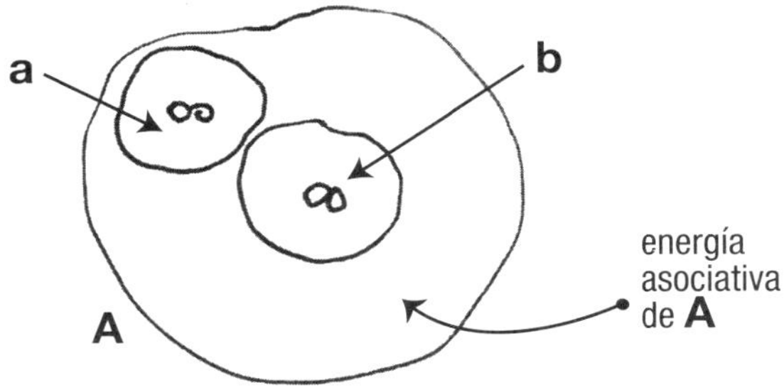

O también el giro de *a* alrededor de la asociación central *b* puede ser de configuración en espiral, autopropulsándose (configuración que puede confundirse con la tradicional de las ondas):

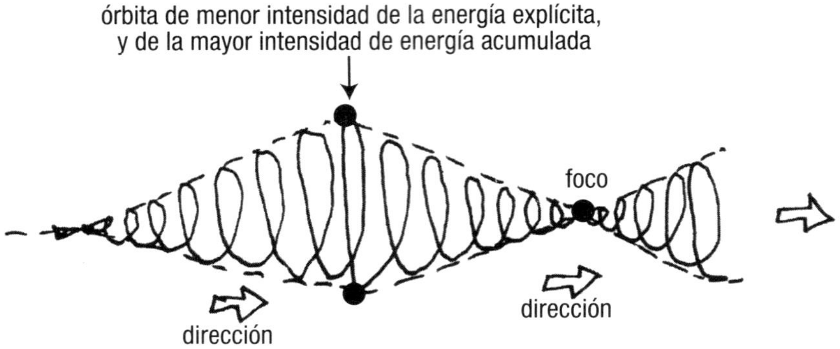

Lo trascendente es que, para el pensamiento integrado, a mayor complejidad asociativa de las tramas, menor intensidad relativa de la energía asociativa de las mismas.

La más intensa energía asociativa relativa corresponde a la elementalidad (asociaciones elementales).

Las estrellas incandescentes son núcleos de emisión de materia al nivel asociativo de la elementalidad, estando conformadas en niveles asociativos subsiguientes a la elementalidad. Y una vez emitida, la materia en nivel elemental se traslada por el espacio como luz (si se quiere a 300.000 km/seg), la que se torna visible al ser interceptada-recepcionada por una fuente de recepción.

Y esto último nos permite responder a una de las preguntas que se hizo Einstein.

La luz no se absorbe en nuestros ojos. Éstos perciben la luz recepcionada, es decir, la luz que solo es luz para nosotros cuando una fuente de recepción la recepciona. Así es percibida. Si no, la luz no es visible a nuestra visión, no es percibida por nuestras retinas. No la vemos trasladarse por el espacio. Sólo la percibimos cuando es recepcionada (recordar: recepcionada-emitida) por una concentración de materia (complejidad asociativa) de la suficiente dimensión (como la atmósfera terrestre, por ejemplo), ya que no nos son visibles a simple vista micro-tramas, aun cuando son fuentes de recepción, y están iluminadas (moléculas luminosas).

Y, por supuesto, vemos los que son fuentes de origen de emisiones, como el Sol o las estrellas incandescentes.

Continuando con la trama de niveles asociativos a partir de la elementalidad (la unidad elemental de la materia que es una asociación, y no una trama de dos o más asociaciones), y a partir del primer nivel asociativo de la complejidad asociativa (dos asociaciones elementales asociadas conformando una trama asociativa), debe el pensamiento indagador descubrir la totalidad de los niveles asociativos hasta el de los átomos, ya suficientemente indagado-descubierto.

Sólo así tendremos un conocimiento acabado de la trama configuracional (configuración-contenido) del universo o continuo asociativo de la materia. Desde las *unidades elementales* hasta la *Unidad.*

Sólo así podremos integrarnos a la trama asociativa total del continuo. Para el pensamiento integrado de la *Teoría de la Integración*, el conocimiento total de esta trama provocará una transmutación en el Pensamiento de la Asociación. Estamos persuadidos que el descubrimiento y representación conceptual de la Unidad provocó el origen de la Filosofía, como prolongación de la Física. Y, que el descubrimiento, en estos presentes, de las unidades elementales, ya provocó la integración total de la Filosofía con la Física, de tal manera que se han convertido en una unicidad conceptual, representando dicha integración indisociable.

La *filosofíafísica*. ¿O la *Filosofísica*? ¿O la *Filofísica*? ¿O la *FiloFísica*)

• Recordamos –evocamos– lo que para nosotros forma parte de nuestra *Metafísica Integrada*: Dios o la Unidad de lo no descubierto, o tal vez lo no descubrible –estación donde perduraremos durante innumerables presentes, en tanto tenemos ante nuestro Pensamiento una "nueva" y más integrada concepción de la configuración-contenido del universo–.

¿A qué llamamos Dios?

Al pre-continuo, al pre-universo, en principio; porque lo consideramos, asimismo, como la acción asociativa del continuo, es decir, la capacidad de éste de asociarse-trasmutar.

Es decir: si en la generación, gestación, de una asociación individual humana el origen del acto de origen de la misma es la integración-asociación de un óvulo y un espermatozoide (dos células, nivel asociativo de las células) en el caso de la generación del universo, del continuo, el origen de su origen –denominando a éste la GEA o *Gran Expansión Asociativa*– fue la primera e inicial expansión elemental, vale decir, la generación de la primera asociación elemental integrada por dos partículas invisibles de masa generando la energía asociativa que las integra, y que generó la integración-asociación, a partir de una masa compuesta por un ilimitado número de partículas indivisibles de masa, sin espacio, sin transmutación, sin tiempo, y así sucesivamente.

Si esto es el pre-continuo, esta masa de masas, Dios es, o está en, ese origen, es esa creación de esa energía asociativa, esa relativamente ínfima energía de asociación, que asoció e integró a dos partículas indivisibles de masa, originando la primera asociación, el primer origen, el primer espacio asociativo; el primer tiempo asociativo –el presente inicial (el primer *cron*)–, el originador de una expansión "en cadena" que *implicó* a la totalidad de esa masa pre-origen, expansión prácticamente simultánea que provocó la GEA y el universo, este universo.

Esto, este ínfimo "soplo", esta ilimitadamente (y relativamente) ínfima energía de asociación, a la vez la más intensa energía asociativa relativa que integra este universo, es y representa el Dios del pensamiento integrado. Un "ínfimo" aporte que originó la capacidad, la aptitud, la pulsión a asociarse y trasmutar; a evolucionar en complejidad asociativa creciente; a originarse, evolucionar asociativamente y extinguirse; y así sucesivamente, todas cualidades de Dios y del universo. Y no opuestas, enfrentadas, en pugna, polares, jerarquizadas...

Entonces, si ese "soplo" inicial fue para asociar, y no para oponer y enfrentar (chocar, bombardear), y si denominamos *amor universal* al asociarse para originar, entonces sí Dios es, representa al amor universal. El acontecimiento de origen del universo, del cosmos, es un acontecimiento de amor, de asociación, y entonces la evidencia de Dios.

Lo no conocido, lo no descubierto del universo y de su gestación (previo al nacimiento, al origen) es asociación, es amor, es la más intensa dinamicidad latente posible, es la animación del universo.

Y al referirnos a *universo,* nos inclinamos por la etimología latina de *universus,* aquella que recoge, sin dudas, el descubrimiento de la *Unidad* por los físicos-filósofos integrados griegos, y une el concepto de *unus* (uno) al de *versus,* participio pasado del verbo *vertere,* que significa *convertir.* Entonces, *universo* significa: *convertido en uno* (*convertido en Unidad*).

VI

EINSTEIN III: LOS ACONTECIMIENTOS DE LA LUZ Y DEL TIEMPO

Vamos a aproximarnos a los aportes de Einstein, y de los físicos contemporáneos acerca de los focos de la Física, a partir de los artículos del 1905 y 1906.

Lo haremos punto por punto, desde la complejidad (y también la confusión).

• En la segunda premisa sostenida por Einstein en su artículo sobre la relatividad se afirma que *la luz tiene velocidad finita.*

Nuevamente nos encontramos con una corrección conceptual. Y otra vez queda explícita la rección conceptual determinante metafísica-dialéctica sobre la trama conceptual del pensamiento, en este caso, de Einstein, al evidenciarse la certeza en la dualidad conceptual de oposición *infinitud-finitud*.

Desde su afirmación, Einstein sólo se opone a que se considere que la luz tenga velocidad infinita. Ahí, al menos, nos asegura, la "infinitud" no rige. Hay otras infinitudes.

• ¿Cuál es, en realidad, la cuestión de Einstein con el tiempo?

Que comienza (o continúa) indagando la diversidad de fenómenos físicos, y la integración de los mismos en sistemas. Y pone en primer plano o foco ciertas cualidades de los mismos, como ciertas relaciones entre ellos –por ejemplo, dado un sistema en movimiento relativo con respecto a otro, y con velocidad constante en relación a éste segundo sistema, en ambos los fenómenos físicos sucederían de la misma manera que si ambos sistemas estuviesen detenidos, siempre en relación mutua constante; o, por ejemplo, concluir que los cambios en los sistemas y en su estructura física no dependen nunca de su velocidad, sino de la aceleración–.

Einstein es un indagador ansioso e inquieto, a principios del siglo XX. Pero su plataforma conceptual es aquella que se erige sobre o a partir del estado del descubrimiento de la configuración-contenido del universo, o continuo; aquella que señala el grado, la intensidad de lo descubierto de la trama asociativa de aquél.

Y el pensamiento integrado afirma que hasta que este descubrimiento no esté "completo", al menos en un grado de determinación (y el arribo al nivel asociativo de los átomos y su trama no alcanza a la intensidad de determinación), todo lo que se sostenga acerca del universo estará fundamentándose en una parcialidad, en un fragmento, y deberá volver a pensarse y a comprobarse.

Sistemas diversos

El sistema –la trama para el pensamiento integrado–, o la estructura, es siempre diverso a otros sistemas o tramas semejantes. No hay dos sistemas o tramas "iguales".

El sistema en el que pensó Einstein, sin arribar a la totalidad de la elementalidad, y de la pos-elementalidad, o elementalidad de la complejización asociativa (vale decir, a las asociaciones elementales, y a todos los niveles asociativos entre éstas y el nivel asociativo de los átomos), es *un* sistema, un sistema parcial que abarca algunas tramas de la trama total del continuo.

Los físicos-filósofos griegos sabían que les era necesario descubrir –luego de la *Unidad*, el "otro extremo", la elementalidad que conformaba la Unidad, el Todo.

De ahí sus avances, que Platón neutralizó con su *khorismós* entre el *ente* y el *ser*, transformando la dualidad esencial, unicidad conceptual *ente-ser*, que constituía la *Unidad* y la elementalidad, las *unidades elementales*.

(Nosotros podemos ver con un solo ojo, pero tendremos una visión –un sistema de visión– diverso al de la visión con ambos ojos, otro sistema semejante y diverso).

Asimismo, mientras el pensamiento indagador o físico no se considere integrado en una unicidad conceptual indisociable con el pensamiento filosófico, el que se originó en aquél cuando los físicos griegos descubrieron la Unidad, es decir, el *"convertido en Uno"* o el *"descubierto Uno"*, lo que los condujo a ser físicos-filósofos, hasta Platón, cuando éste estableció el *khorismós* y escindió la Física de la Filosofía, la Física de la Metafísica, los físicos de los filósofos.

Los físicos-filósofos integrados griegos, originándose como tales en el concepto de *Unidad*, comprendieron la necesidad imperiosa de descubrir el "otro extremo", el de la elementalidad, el de las unidades elementales, aquéllas a las que se refería Tales: *"... debe haber una naturaleza, una o más de una, a partir de la cual, o de las cuales, se generan las demás cosas, mientras aquélla se conserva."*

¿Por qué el concepto de Unidad los impulsó a aquellos físicos-filósofos, a arribar al concepto de *unidad elemental*? La Unidad podía ser des-constituida, des-complejizada en sus "partes" mínimas, elementales, y a partir de éstas podía descubrirse cómo se fueron integrando hasta arribar a la Unidad.

Platón "detuvo" esto (ya Parménides se le había adelantado). Aún no se había arribado en el pensamiento griego al concepto de Dios-Unidad. Todavía estaban en el estadio del Amón (y no del Atón) egipcio y la multiplicidad de dioses-unidades, liderados por un dios-jefe.. Ni siquiera –y los griegos viajaban a Egipto (y los judíos ya habían estado allí)– habían llegado al Atón-Unidad, convirtiendo a la multiplicidad de deidades en cualidades de la divinidad única, del Dios Único. Entonces Platón lo hizo desde el pensamiento filosófico-metafísico. Estableció la escisión (*khorismós*) entre el *ente* y el *ser*, del *ente-ser* esencial, y a partir de allí pudo diferenciar un término conceptual del otro, y jerarquizarlos, establecer un ordenamiento jerárquico, transmutando el *ser* en *Ser*, vale decir, en Dios, y dejando el otro término como el sujeto a Dios. El *ente*, es decir, el mundo, la naturaleza, la materia, bajo el poder absoluto del Dios-*Ser*.

Desde entonces, más de veinte siglos de negación, obstrucción, desaliento de todo intento indagador, del pensamiento indagador (o científico), creído éste hasta al presente, que la rección determinante-condicionante que lo rige es la dialéctica, y no la metafísica, cuando para el pensamiento integrado la metafísica-dialéctica constituyen una unidad. Y una unicidad conceptual en su representación integrada.

¿Cómo puede aceptarse plenamente la teoría y las afirmaciones de Einstein, con tal grado de trascendencia, cuando la trama conceptual de su pensamiento ha estado regido por la determinación-condicionamiento de la conceptualidad metafísica-dialéctica, y el ámbito de la trama configuracional del continuo descubierta llega (apenas) hasta el nivel asociativo de los átomos.

Einstein es sólo un estadio en la evolución asociativa del Pensamiento, otro después de numerosos estadios, como los de Galileo Galilei, Newton, o Lorentz y Poincaré.

• Nos repreguntamos: ¿cuál es, en realidad, la cuestión de Einstein con el tiempo?

Un previo-juicio nuestro sostiene que Einstein finalmente impulsó un paso más (hubo "pasos" previos) a la materia hacia su integración con el tiempo, o hacia la integración del tiempo con la materia. Y éste es su logro más trascendente, a nuestro juicio. Más que establecer una relatividad en lugar de una absolutez, que en realidad sólo es modificar la jerarquía de la dualidad *absoluto-relativo*.

Veamos por qué este previo-juicio.

La *Teoría de la Integración* sostiene que la totalidad del continuo está integrada por una trama de asociaciones y tramas asociativas, cada una de las cuales ha tenido un origen, donde se inició su existencia asociativa, en una evolución asociativa que perdurará hasta su extinción, su acontecimiento de extinción, el que inexorablemente coincidirá con uno o varios acontecimientos asociativos de origen de otras asociaciones o tramas asociativas. No existe materia en disociación o en estado de disociación.

Para la *Teoría*, el lapso entre el acontecimiento de origen y el acontecimiento de extinción de toda asociación o trama asociativa conforman el *tiempo asociativo* de la misma. Un tiempo asociativo siempre diverso, dado que no existe la "igualdad" en el universo (la *igualdad* es un concepto de concepto, un concepto especulativo, metafísico-dialéctico).

En consecuencia, en tanto la totalidad del continuo asociativo de la materia está asociado y en transmutación conformando asociaciones y tramas asociativas diversamente semejantes entre sí, existen tantos tiempos asociativos como asociaciones elementales y tramas asociativas existen.

De este modo, no pueden escindirse la materia y el tiempo –salvo especulativamente–, y conforman, en su representación, una unicidad conceptual.

Para la *Integración*, el tiempo asociativo de una asociación elemental, es decir, el lapso de la evolución asociativa de la misma entre el acontecimiento de su origen y el de su extinción cuando dicha asociación de la materia se traslada por el espacio del continuo integrando un haz o flujo de materia elemental –y entonces un haz o flujo de luz, al ser recepcionado– constituye la unidad elemental del tiempo asociativo, a la que el pensamiento integrado denomina un *cron,* o un *presente.*

En consecuencia la *unidad elemental del tiempo asociativo* es una unidad física, y todo tiempo asociativo que está evolucionando en la trama del continuo puede ser medido en crones o presentes.

Pero, a nuestro juicio, en tanto la totalidad de la trama del continuo está integrada y entonces conformada por asociaciones elementales, sólo en aquellas que no conforman parte de una trama asociativa, a decir, de una asociación de asociaciones, y que se trasladan por el espacio elemental en estado de materia elemental a partir de una fuente de emisión, constituyen el acontecimiento de la luz, y entonces el acontecimiento del tiempo, ya que su existencia asociativa o lapso entre su origen y su extinción-reoriginación (en realidad origen, en tanto lo que se extinguió no puede volver a originarse), constituye la *unidad elemental física del tiempo.*

Einstein intuye que el tiempo es relativo a cada "sistema de la materia" (sistema para él; estructura para otro; trama asociativa para nosotros). Y éste comienzo o, en realidad, evolución de la integración de la materia y el tiempo, es uno de sus aportes más trascendentes. Se puede recorrer este camino de la Física desde el último milenio.

Pero hasta aquí y poco más allá de una gran confusión, que podemos ejemplificar, refiriéndonos al concepto de *éter,* propuesto por Fizeau y Arago a principios del Siglo XIX, o a la conceptualización de la relatividad del tiempo, definiéndolo como la relación existente entre los cambios de posición de por lo menos tres sistemas distintos. Y así sucesivamente.

VII
EL ASUNTO DE LOS FOTONES

La primera cuestión a plantearse es si la materia se traslada por el espacio del universo, en principio, y al menos desde las estrellas (o soles) incandescentes. Si así es, entonces se percibe a éstos iluminados porque son fuentes emisoras de materia en luz.

¿Materia en luz?

Sí, un acontecimiento tan antiguo como el origen de nuestro planeta y el acontecimiento de origen de las asociaciones con vida-conciencia, y posteriormente con vida-conciencia y pensamiento.

Pero los físicos filósofos integrados griegos, al pensar en la elementalidad, y establecer el ciclo de esa elementalidad señalaron los cuatro elementos *agua, aire, tierra y fuego,* y más específicamente conjeturaron acerca de cómo la tierra-piedra se torna fuego líquido en el interior de los volcanes (lava incandescente), y ese fuego líquido –o fuego-agua– en fuego-luz. Los cuatro elementos integrados en un único elemento.

¿Podría haberse conformado el universo a partir de la GEA (Gran Expansión Asociativa), es decir, de un núcleo generador de materia en expansión? ¿O continuamos con la hipótesis de un núcleo de materia tan gigantesco, que incluyó a la totalidad de cuerpos celestes del actual universo que en una formidable e inimaginable explosión arrojó por el "vacío" innumerables fragmentos de todo tamaño, lejos del foco?

¿No se asemeja esto último, más que a un mito (a una divinidad extinguida, o a algo desconocido, averiguado o descubierto), a un desvarío?

Todo señala otro tipo de acontecimiento de origen. Un acontecimiento en el que la materia que en su elementalidad se generó en la GEA y se expandió creando, originando espacio, y núcleos de acumulación de materia elemental complejizándose al ir asociándose entre sí, complejización que la *Teoría* sostiene fue evolucionando en niveles asociativos (niveles de asociación), integrados por tramas asociativas diversamente semejantes entre sí.

Pero el pensamiento integrado afirmará que la expansión inicial por generación de materia elemental –cada asociación elemental originada, originó su propio espacio asociativo– originó el espacio total del universo. Es decir que se expandió hasta tornar lo ilimitado en limitado, en finito (aunque nunca dejó de ser el continuo finito de la totalidad de la materia).

Para la *Teoría,* entonces, la totalidad del espacio del universo está constituido, conformado, integrado, reiteramos: en su totalidad, por una trama de asociaciones elementales [**2m.ea**], y entonces, en tanto en parte espacio (distinción especulativa), por una trama de espacios elementales.

Esta trama de asociaciones elementales está conformada en su totalidad por lo que constituye o integra a las mismas: bi-partículas indivisibles de masa asociadas en energía asociativa, generadora de la asociación y generada por la asociación. Constitución o integración cuya cualidad esencial es la *asociación-transmutación* (unicidad conceptual), en tanto la asociación, al generar el origen, genera la evolución asociativa de esa asociación desde ese origen, y el arribo inexorable a la extinción de la misma como generador de al menos otro origen asociativo.

En consecuencia, *la totalidad del continuo es materia* (bimasa en energía asociativa) expandida en trama en lo que constituye su espacio; el espacio del continuo. Materia, o trama de materia regida por su cualidad esencial de la transmutación asociativa.

La vivencia del espacio

La vivencia que se nos ocurre más sencilla en relación con el espacio del universo entre los cuerpos celestes es la del nadar dentro del agua, en el interior de ella, hundiéndose en ella y alejándose de la superficie. Estar en el espacio exterior es como estar en el agua, o en la atmósfera terrestre, sólo que no percibimos con nuestros sentidos la trama en la que flotamos, o nos movemos, porque nuestra asociación se ha originado en el fluido que denominamos aire o atmósfera, como el más "tenue" o "etéreo" de los fluidos o tramas asociativas como la tierra, el agua, etc.,y sus sentidos han evolucionado en ese medio.

El asunto del éter

Es interesante la actualización de un antiguo concepto: el del *éter*, que realizó el pensamiento científico a fines del XIX, y en relación al acontecimiento de la luz. Definida ésta como una onda transversal (James Maxwell) se propuso que ésta no podía trasladarse por el vacío (por donde no hay nada, no *es* nada), por un vacío, sino que debía hacerlo utilizando un soporte, como una atmósfera, pero mucho menos densa, de una densidad tan mínima que no presentara "obstáculos" a la traslación de dichas ondas, o que no retardara su velocidad.

El mismo Maxwell, y otros físicos, establecieron la necesidad de un ámbito o campo, o medio –el campo eletromagnético– por el que se trasladaban las ondas electromagnéticas transversales de la luz, ámbito al que denominaron *éter*.

El concepto de *éter*, en realidad, era semejante, en tanto medio, al del aire o al del agua, pero fue imaginado sin haber arribado a la indagación de la elementalidad de la materia, por lo que el éter, como medio o soporte de la traslación de la luz no pudo ser probado (su existencia no pudo ser probada, el éter, se concluyó, carecía de propiedades medibles), y fue entonces desechado por la Física.

A principios del siglo XX, Einstein, en su *Teoría de la relatividad*, afirmó que la velocidad de la luz en el *espacio libre* es la misma en todas partes del universo.

Ahora bien: ¿qué es el *espacio libre*? ¿El espacio libre de materia, el que rodea a los cuerpos celestes en la totalidad del universo? ¿Espacio libre, o vacío? ¿La luz es inmaterial, entonces, tal como proclamaba Maxwell, y Einstein coincide con él aunque no acepta la existencia de un medio, o fluido (como es la atmósfera terrestre) de estructura o trama material, que "sostenga", o "contenga" o "soporte" la traslación de las ondas en que consiste la luz?

Nos hacemos una simple pregunta: ¿y si nuestra teoría integrada acerca de las asociaciones elementales de la materia que conforman, tramadas entre sí la totalidad del espacio del universo, que integran, también, todo cuerpo celeste existente en esa trama de materia elemental en diversos grados de complejización asociativa, y que se expandieron a partir de la GEA o Gran Expansión Asociativa, pulsionadas por ésta en 360° del núcleo de la misma, y en esa expansión fueron conformando la totalidad del espacio del universo con sus propios espacios elementales, hasta que se extinguió la GEA, habiendo completado el origen de la totalidad de las asociaciones elementales, innumerables e ilimitadas en su finitud (tal como en los conceptos físicos de los físicos filósofos integrados griegos)?

Y en otras preguntas subsiguientes: ¿y si la luz, es decir, la materia elemental, se traslada a través de la trama de asociaciones elementales que conforman la totalidad del espacio del universo, sosteniendo su velocidad de traslación [vt] constante debido a un proceso de asociación, a través del cual van "renovando" la intensidad de su fantástica energía asociativa, y entonces sostenendo su velocidad de traslación?

¿Y si cada asociación elemental que integra la trama elemental que es el espacio del continuo la consideramos un *punto físico* (y no un punto metafísico-dialéctico, inexistente e inmaterial como el que sostiene el pensamiento científico actual), y en él, y en cada uno de ellos, se concretan asociaciones o acontecimientos de asociación, de asociaciones elementales que se trasladan de este modo a través del espacio elemental, a partir de la pulsión de una determinada fuente de emisión (como por ejemplo, el Sol) y transmitiéndose, debido a dichos acontecimientos, la energía elemental, manteniendo *constante* la velocidad de traslación, llamada velocidad de la luz, tal como pregona Einstein sin explicar cómo se produce esto?

¿Y si se nos ocurriera denominar *éter* a la trama de asociaciones elementales de la materia que integran, conforman, constituyen el espacio del universo, trama sin la cual no se propagaría la luz por la totalidad del universo?

(Por supuesto que esto, de ninguna manera, significaría reivindicar el concepto de *éter* de aquellos físicos del siglo XIX, los que desconocían que pudiesen existir y ser descubiertos niveles asociativos de la elementalidad de la materia). (Sin embargo, cuando el pensamiento indagador arriba a la aceptación de que el nivel asociativo de las moléculas y de los átomos no es el de la elementalidad –tal como creía Einstein–, y existen las mal llamadas conceptualmente "partículas" subatómicas, como el descubrimiento del llamado *"bosón de Higgs"*, en 2012–, entonces la *Teoría de la relatividad* de Einstein comienza a advertirse construida sobre la arena, salvo en algunos puntos, siendo el fundamental de ellos la percepción de que el tiempo no es una dimensión *absoluta* –y *entonces inmaterial, inmutable, infinita, inmaterial...* y *atemporal,* paradojalmente–, que el tiempo es *relativo*, y, por esta cualidad no metafísica-dialéctica (para el pensamiento integrado), está más integrado a la materia, y es más, es parte integrante e indisociable de ella.)

Para la teoría, toda *diferenciación* en la trama de la elementalidad debe considerarse como perteneciente a un nivel asociativo –a partir del nivel asociativo de la trama elemental– de *complejidad asociativa*, a partir de la asociación de asociaciones elementales entre sí.

¿Qué significa esto?

Que especulativamente sería posible "des-complejizar" el universo hasta que estuviese constituido nuevamente (como en la extinción de la existencia asociativa de la GEA) sólo por asociaciones elementales (podríamos denominar a esta operación especulativa *"El paradigma de Tales"*, el de su afirmación de la existencia de una "naturaleza elemental" *"a partir de la cual se generan las demás cosas"*). Pero claro, enunciamos tal proyección especulativa para señalar específicamente la evolución asociativa del universo precisamente desde la GEA, y su evolución asociativa determinadamente en la expansión, creando el espacio-materia elemental y originando en él núcleos o concentraciones de materia elemental constituidos en tramas asociativas de una gran diversidad de niveles asociativos (de complejidad asociativa).

Ahora bien: en la evolución asociativa de las concentraciónes de materia, a partir de la complejización de la elementalidad, se originaron concentraciones *determinadamente emisoras* de materia elemental hacia la trama elemental global que conformaba el espacio del continuo en la que evolucionaban –tenían existencia asociativa– dichos núcleos o concentraciones (diferenciaciones de diversa complejidad en la trama elemental).

¿Por qué *determinadamente* emisoras?

Porque toda complejización de niveles asociativos subsiguientes al de la elementalidad es una fuente *emisora-receptora* de materia elemental al conformar una trama específica. Como ya hemos afirmado, *emisión-recepción* o *recepción-emisión* constituyen una unicidad conceptual, representando lo que es un solo y único acontecimiento, en tanto todo núcleo que emite materia elemental, recepciona materia elemental, y todo núcleo que recepciona materia elemental la emite.

Por ejemplo, una estrella, como el Sol, que emite determinadamente materia en estado elemental hacia el espacio –en realidad hacia la trama elemental que conforma el espacio del continuo– recepciona materia elemental que se traslada por esa trama desde toda otra concentración celeste emisora o receptora-reflectora.

Pero entonces, ¿afirmamos que el Sol recepciona materia en estado elemental desde un planeta como la Tierra, a la vez que ésta recepciona materia elemental proveniente del Sol?

Sí.

La Tierra no es un cuerpo incandescente, que emite determinadamente materia en estado elemental en esa intensidad (la del Sol), pero sí emite materia en estado elemental en una intensidad mucho menor –la recepcionada de la emisión del Sol y de los otros cuerpos celestes del universo– de tal manera que *está iluminada.*

¿Qué significa esto?

Que *el acontecimiento de la luz no es visible en su traslación. Sólo es visible cuando es interceptado por una fuente de recepción.*

Así, si no existiese la Tierra en el sistema planetario solar (u otro cuerpo que la reemplazara) nada estaría iluminado en su ubicación.

En consecuencia, para la *Teoría,* la trama elemental que constituye la totalidad del universo (la trama de los espacios de las asociaciones elementales constituyen o conforman el espacio del continuo) ha estado seguramente "a oscuras" en un estadio de la evolución asociativa del acontecimiento de origen, es decir, de la GEA. Y lo ha estado hasta que se iniciara la complejización asociativa, es decir, la concentración de materia generando niveles asociativos más complejos que el de la elementalidad constituyente de la trama, originándose entonces fuentes de recepción-emisión, *iluminadas.*

Así, el universo, desde el estado del origen (de la GEA) estando en la oscuridad total, comenzó a iluminarse "paulatinamente" en una evolución asociativa que seguramente aún perdura, ya que todavía hay concentraciones de materia que dejan de ser incandescentes y otras que se originan o trasmutan a incandescentes.

Ahora bien: ¿por qué utilizamos el concepto de *determinante* con respecto a un astro emisor de materia elemental?

Porque todo cuerpo celeste recepciona y emite en un mismo acontecimiento materia en estado elemental, pero unos emiten en intensidad determinante y recepcionan en baja intensidad relativa (como el Sol), y otros recepcionan en intensidad determinante en relación con lo que emiten (como la Luna).

Si todo núcleo o concentración de materia en grado de complejización asociativa desde el nivel asociativo subsiguiente al de la elementalidad recepciona-emite materia en estado elemental desde y hacia el espacio del continuo, debe aceptarse que en la totalidad del mismo se da un intenso "tránsito" de materia elemental, tránsito que necesariamente debe darse a través de la trama de elementalidad de la materia que conforma la totalidad del continuo. La materia en estado elemental se traslada por la trama de materia elemental que se extiende por el espacio del continuo.

Nota complementaria

El estado de *dilatación* de un cuerpo (trama de complejidad asociativa) se debe a la incorporación o integración de materia en estado elemental emitida desde una fuente emisora, lo que se evidencia en calor, en aumento de la temperatura. La pérdida o disminución de la misma, y entonces de la dilatación (lo que el Pensamiento cree que es el movimiento opuesto: contracción-enfriamiento) se debe, para el pensamiento integrado, a la emisión de la materia elemental que provocó antes la dilatación y el aumento de la temperatura.

VIII
¿MATERIA O INMATERIA?

¿Materialidad o inmaterialidad?

¿Corpúsculos o partículas, u ondas?

¿Fotones (cuantos de luz) que a veces se comportan como corpúsculos materiales y a veces como ondas inmateriales?

¿Materialidad o inmaterialidad?

La cuestión de la luz evolucionó desde Newton a Einstein. Es decir, desde el siglo XVII hasta principios del siglo XX. Veamos algunos puntos de esta secuencia evolutiva: Newton se inclinó por la teoría corpuscular (la luz está conformada por corpúsculos o partículas de materia trasladándose por el espacio); casi en la misma época Hooke y Huygens propusieron que la luz era una onda, evidentemente inmaterial; durante el siglo XIX, Young y otros físicos anuncian que han comprobado el modelo ondulatorio de la luz; a fin de este mismo siglo XIX y principios del siglo XX, trabajos de Planck introdujeron el concepto de *cuanto*, que influyó en Einstein para que éste generara el concepto de *fotón*, retornándose así al concepto de la luz como partícula. O, en realidad, a una dualidad conceptual que, "eclécticamente" y bajo rección determinante de la conceptualidad metafísica-dialéctica, está conformada por una unidad [*partícula-onda*], es decir, por una fuerza o sistema que a veces, en determinados "sistemas" actúa como onda y en otros casos como partícula o corpúsculo (¿o, en realidad, como materia e inmateria?).

Las expresiones acerca de esta dualidad o ambivalencia, tienen que ver con dos acontecimientos dispares: la discontinuidad evidenciada en la estructura de la luz integrada por corpúsculos o partículas, con la continuidad, comprobada desde la teoría ondulatoria de la luz.

De Broglie (*"La física nueva y los cuantos")* va a sostener que *"la hipótesis de los fotones"* (...) *"no puede conducir a una teoría puramente corpuscular de las radiaciones"* (es decir, de la luz, aunque ésta es considerada como una en la diversidad de las radiaciones). De Broglie va a inclinarse por una teoría *"que atribuya a la radiación a la vez un aspecto corpuscular y un aspecto ondulatorio...".*

Pero bien: todas estas especulaciones, desde Newton hasta Einstein y los físicos contemporáneos, se han concretado desde al menos dos condiciones que deben ser tenidas en cuenta trascendentemente: la primera es la rección determinante-"condicionante" conceptual metafísica-dialéctica sobre la trama conceptual del pensamiento indagador (científico), lo que implica necesariamente una des-integración de éste con respecto a la trama del continuo o universo, y una grave contaminación conceptual que lo hace operar con representaciones no emanadas de la indagación de dicha trama, sino que son estricta y específicamente metafísicas-dialécticas, creadas especulativamente por el pensamiento, como *infinitud, inmaterialidad, inmutabilidad, eternidad, igualdad, absolutez,* etc., cualidades de la divinidad, es decir, de lo no descubierto, y entonces no indagado (ni indagable) –o conceptos creados para completar las dualidades de oposición, y así otorgarles la configuración modélica que, según este pensamiento bajo tal rección, generan la dinamicidad imprescindible. La segunda condición radica en que se reflexiona y se opera en la comprobación de lo que se ha especulado en lo que hoy puede considerarse lo macrofísico, es decir, los niveles asociativos (asociaciones de tramas asociativas diversamente semejantes) a partir del de los átomos y sus componentes endógenos.

Nos preguntamos: ¿cómo se pueden generar representaciones conceptuales como, por ejemplo, el concepto de *fotón* o *cuanto* de luz, si se desconoce la unidad elemental de la materia, y la diversidad de niveles asociativos a partir del nivel asociativo subsiguiente, en cuanto a complejidad asociativa, al de esa elementalidad?

Porque tal vez –y es ya una certidumbre para el pensamiento integrado– deben existir una diversidad de niveles asociativos sub-atómicos (de menor complejidad asociativa que el del nivel asociativo de los átomos). Y tal vez los componentes de un átomo –una trama asociativa– estén "inmersos" en una trama de asociaciones elementales, estando ellos mismos conformados por una trama (una concentración) de asociaciones elementales, una trama, seguramente conformada por tramas de diversa complejidad asociativa (en el microcosmos).

¿Por qué?

¿Por qué le asignamos tal importancia al descubrimiento y conocimiento de la unidad elemental de la materia y de los niveles asociativos crecientemente más complejos subsiguientes?

Porque (Tales de Mileto lo intuía) la configuración de la elementalidad condiciona inexorablemente la configuración de toda complejización asociativa que se trame con el modelo de la elementalidad.

Descubrir la configuración-contenido de la materia elemental, es descubrir la configuración-contenido del continuo asociativo de la materia, es decir, la trama del universo.

La importancia jerárquica (igualatoria) de *lo relativo* en relación con *lo absoluto*, establecida por Einstein, somete conceptualmente a sus teorías tornándolas relativas en relación con la configuración-contenido del continuo. Situándolas como un estadio de la evolución asociativa del pensamiento indagador des-integrado, regido por la des-integradora conceptualización metafísica-dialéctica.

No. Hay que concentrarse, focalizarse, en el ámbito del que podríamos denominar micro-universo, y en los niveles asociativos de tramas asociativas que lo integran.

En este sentido, el pensamiento indagador físico-filosófico debe "desprenderse" de la rección determinante-condicionante, aunque más no sea de la intensidad conceptual radicada en ser o resultar condicionante, y considerar inadmisible el sostener el concepto de condicionamiento destinacional de la configuración-contenido de la trama del universo y del Pensamiento (generador de representaciones conceptuales de aquél). Debe, asimismo, y en consecuencia, aceptar que el "motor" de la continua y global dinamicidad del universo no es la oposición jerarquizada, la polaridad, la dualidad entre términos que emanan dinamicidad por enfrentarse, sino la pulsión, la capacidad, la aptitud de la materia asociada para asociarse y transmutar. Debe aceptar, entonces, que la elementalidad de la materia que compone, constituye el universo en su totalidad, es *una asociación*, y no una partícula o corpúsculo. Dado que no existe materia no asociada, *la unidad elemental de la materia es una asociación elemental*, que nosotros hemos proyectado (especulado) constituida por dos partículas indivisibles de masa (provenientes del pre-origen del universo) que se han asociado debido a la energía asociativa que han generado y que las generó como asociación. Es decir: [**2m.ea**].

En cuanto a la dualidad "partícula-onda", que rigió sobre gran parte del siglo XX y hasta la actualidad, ya es, para nosotros una "vieja" y hasta obsoleta proyección, en cuanto a interrogante.

Si observamos el universo desde el pensamiento integrado –casi a simple vista–, y nuestro mismo sistema planetario, comprenderemos que existe un modelo configuracional de dinamicidad constante que implica movimiento, velocidad, dirección en el espacio, y así sucesivamente en el macrouniverso de las galaxias o los sistemas estelares, y en el micro universo de las asociaciones elementales y de las tramas asociativas subsiguientes a ésta en complejidad asociativa.

Nos referimos a la configuración en *espirales de traslación* (los mismos son materia trasladable, pero su configuración puede ser vista como una onda, unificándose así el concepto de la luz como materia elemental trasladándose bajo la configuración ondulatoria).

Es evidente que nuestro sistema planetario se originó en un núcleo o concentración de materia que al estar en su origen en el vértice o foco de lo que iba a evolucionar como una configuración en espiral, alcanzó la máxima velocidad posible de rotación sobre su eje, una velocidad que provocó grandes desprendimientos de materia ígnea que se alejaron del foco, girando a su alrededor en órbitas cada vez mayores hasta alcanzar la actual, estable en términos relativos asociativos del tiempo asociativo de la trama solar.

Las dos teorías

Nuestra proyección señala que una gran cantidad de materia (prácticamente toda la que hoy conforma la totalidad del sistema solar) arribó pulsionada desde la GEA, directamente, o desde la concentración de materia en estado de complejización asociativa que constituyó nuestra galaxia, más probablemente, y arribó al espacio del continuo donde se halla en estos presentes ubicada. Que arribó en estado de espiral (desprendida de otra configuración de materia en espiral, que le imprimió modélica, configuracionalmente su misma configuración-contenido), describiendo una enorme órbita de materia fragmentada que la pulsión del espiral, en círculos concéntricos hacia un núcleo central (el núcleo del espiral) fue paulatinamente acelerando al reducirse los diámetros sucesivos de las circunvoluciones concéntricas hasta alcanzar, ya en el foco del espiral una gran velocidad de rotación –la máxima posible de tal configuración, aunque relativamente a su composición, y a sus condiciones–, originando una gigantesca estrella incandescente que en su extrema rotación en el foco o vértice comenzó a lanzar fragmentos de sí misma en circunvoluciones cada vez más amplias hasta que arribaran a un límite de su expansión, alcanzando el mínimo de velocidad de la trama y el máximo de extensión expansiva de la órbita, a partir de lo cual comenzaría el ciclo de aceleración de los fragmentos (los planetas) hacia el núcleo, en órbitas cada vez de menor diámetro, hasta reincorporarse, reintegrarse al núcleo del sistema, es decir, el Sol.

Esto supondría que la trama es *cónica*, y no esférica plana, y que el sistema espiralado de nuestro sistema solar estaría señalando una dirección del mismo en la galaxia, en el espacio del universo. Es decir: materia trasladándose, tal como se trasladaría en la elementalidad.

La otra proyección en relación con el sistema planetario y el universo en general, es la regida por la determinación conceptual metafísica-dialéctica, para la cual la dinamicidad –toda dinamicidad– en el universo se debe a la oposición entre contrarios, ha planteado, de acuerdo con su conceptualidad, la teoría de la expansión y contracción en un mismo lugar del espacio del continuo (el lugar de la "explosión"), y entonces la rección de la concepción que originó el *Big-Bang* de "gran explosión" por implosión de una gran concentración de materia, de onda expansiva desde la explosión, y de conformación de fragmentos o restos de la explosión, diseminados alrededor del foco (en este caso los planetas) y en el caso del universo las galaxias.

Hace años, nosotros nos habíamos referido a este acontecimiento del espiral solar, diciendo que su evolución asociativa, podía estar en una dinámica expansiva, pero podría tornarse en una evolución en dinámica contractiva al arribar a la máxima circunvolución posible con la energía asociativa en su mínima intensidad de expansión, pero en su máxima intensidad de contracción, e iniciar el retorno en órbitas cada vez de menor diámetro y mayor velocidad-energía, en dirección al foco o núcleo, intensificando la energía asociativa de éste al integrarse, y tornándolo entonces en impulsos de una dinámica expansiva nuevamente.

Es ésta, por supuesto, una proyección especulativa. Pero enuncia un modelo configuracional de posible autopropulsión continua de una trama estelar, como la del sistema solar, y en relación con la galaxia que integra.

Ahora bien: ¿por qué este modelo configuracional de trama asociativa dinámica autopulsionada constante no se reiterará relativamente en lo que denominamos micro-universo? (en realidad la pregunta debe invertirse).

Por ejemplo: si el acontecimiento de la luz consiste en materia en estado elemental trasladándose por la trama elemental que conforma la totalidad del espacio del universo desde fuentes de emisión a fuentes de recepción, y lo hace a través de haces de asociaciones elementales pulsionados desde la fuente de emisión, y autopulsionándose al asociarse entre sí [extinguiéndose-originándose-extinguiéndose-originándose], manteniendo de este modo, a lo largo del flujo, la intensidad máxima de sus energías asociativas (que se expresan en la velocidad de la luz); y si la evolución asociativa del recorrido de cada ciclo de origen-extinción de una asociación elemental integrante del flujo se concreta a través de una configuración espiralada que va de un foco de máxima intensidad a una órbita de expansión de la menor intensidad expansiva y de mayor intensidad contractiva, y a través de ésta a un nuevo foco de máxima intensidad, siempre constituyendo el haz o flujo, pulsionado en una dirección, tal configuración de la dinamicidad elemental podría ser considerada y registrada como una onda, integrándose así la elementalidad material en una configuración ondulatoria, que posee cualidades-características de la relación entre energía asociativa elemental (de la elementalidad), y frecuencia de la onda. Es decir, aquello que Einstein percibió en otros niveles asociativos, mucho más complejos asociativamente que el nivel asociativo de la elementalidad.

Lo que sostenemos, a través de estas aproximaciones, es que descreemos de la dualidad de oposición –regida por la conceptualidad metafísica-dialéctica– de la *materialidad-inmaterialidad,* en que se ha sumido la Física de los últimos tiempos. O si se quiere, con palabras de este estadio indagador, la dualidad *corpúsculo-onda,* o *campo corpuscular-campo ondulatorio.*

Estamos persuadidos de que el arribo a y el descubrimiento de los niveles asociativos, desde el de la elementalidad hasta el de los átomos y de las moléculas, provocará en el pensamiento un acontecimiento transmutativo, una transformación de tal trascendencia como la que generó al descubrir la *Unidad,* el Todo, el Cosmos, el Universo, al que nosotros denominamos continuo asociativo de la materia.

El descubrimiento de la unidad elemental de la materia [**2m.ea**]; el descubrimiento de cómo se traslada la materia en estado elemental por todo el espacio del universo; el descubrimiento de la unidad física del tiempo (el *cron* o *presente*); el descubrimiento del acontecimiento de la luz; y así sucesivamente. Vale decir: el arribo a una nueva aproximación, más integrada, más precisa, a la verdadera trama configuracional del universo, comprendiendo a ésta desde las *unidades elementales* hasta la *Unidad* de todas las unidades... y desde la Unidad de todas la unidades a las unidades elementales.

La curvatura

Einstein afirmó que *"el espacio es curvo"*. Claro, la trayectoria de la traslación de la materia elemental y de la materia en grados mayores de complejización asociativa, de darse en la configuración del espiral cónico, estará siempre en trayectoria *curva.*

IV

TRABAJOS COLATERALES

La continuidad metafísica-dialéctica en el pensamiento de **Gastón Bachelard** (*"La formación del espíritu científico"*, Siglo XXI, Editores)

La razón de esta inclusión

Nuestro señalamiento acerca del pensamiento de Einstein es esencialmente conceptual, aunque no por eso negamos la importancia que ha tenido como estadio entre el pensamiento de la Física clásica y el de la Física-Filosofía Integradas.

Tal estadio evolutivo se focaliza en el haber puesto conceptualmente en valor de semejante jerarquía, en la dualidad conceptual de oposición [*absoluto – relativo*], el término conceptual de *lo relativo*, cuando hasta él, es decir, hasta principios del siglo XX, y desde los artículos de Einstein de 1905 y 1906, el término que primaba en las leyes de la Física era el de *lo absoluto*.

Sin embargo, el físico alemán se detiene aquí (y ya desata una transformación de gran envergadura al oponerse e intentar probar que el tiempo era relativo, como el espacio, en tanto, en realidad, aún apoyaba la dimensión absoluta del espacio-tiempo, aunque introducía la salvedad de que ambos conceptos tenían que ver con la trama de la que formaban parte en cada acontecimiento, y, en consecuencia, eran *relativos* a dicha trama individualizada).

El filósofo francés Bachelard reflexiona desde el pensamiento científico, que la *Teoría* denomina *pensamiento indagador*. Si bien pertenece a la trama de otra obra nuestra en la que forma parte de la trama de filósofos franceses del siglo XX cuyos pensamientos han estado y están regidos por una determinación conceptual metafísica-dialéctica, en este caso es más intensa la gravedad de la rección al poner en evidencia la rección conceptual determinante-condicionante metafísica-dialéctica sobre la trama de conceptos con que opera y piensa el pensamiento indagador o científico.

Muy grave es, a nuestro juicio, que, hasta el presente, el pensamiento físico-matemático, por ejemplo, se fundamente en conceptos metafísicos bajo una patética *simulación* dialéctica (porque ambos conceptos *–metafísica y dialéctica–* conforman una unicidad conceptual indisociable) como los de *igualdad, absolutez, infinitud, inmaterialidad,* (o *anti-materialidad*), *inmutabilidad, atemporalidad,* y así sucesivamente.

Esta inclusión es parte de nuestros argumentos en este sentido.

A los que se integra, en relación con Einstein, el hecho de que el físico centra su pensamiento en los niveles asociativos de las moléculas y de los átomos, y en base a ellos proyecta especulativamente los niveles asociativos subsiguientes en complejidad asociativa hasta el nivel asociativo que conforma el universo o continuo.

Felder

ΦL

I
LA CONTINUIDAD METAFÍSICA-DIALÉCTICA

El núcleo del pensamiento de Bachelard radica esencialmente en el establecimiento de dos ámbitos opuestos entre sí: lo real, lo natural, por un lado, y la abstracción de aquello concretada por el pensamiento científico abstracto.

Vale decir, y desde el pensamiento integrado, la aplicación de una dualidad conceptual de oposición de rección determinante metafísica-dialéctica: [*orden – desorden*], siendo el concepto de *desorden* la representación de *"los acontecimientos decisivos de una experiencia"*, de *"los hechos"*, de *"lo concreto"*, mientras que el concepto de *orden* representa la transmutación del concepto de *desorden* al tornarlo *"geométrico"*, vale decir, al *"dibujar los fenómenos y ordenar en serie los acontecimientos decisivos de una experiencia."*

El *desorden* es *"la experiencia"*, *"los hechos"*, y el *orden* son *"las matemáticas"*, y *"las leyes"*.

"El orden es una verdad y el desorden un error". El desorden es el *"orden hallado"*, de la crítica bergsoniana, mientras que el orden es el orden abstracto, que es *"un orden probado"*.

Bachelard, entonces, y como iremos viendo, sostiene la verdad de la des-integración del Pensamiento con respecto a la trama configuracional del continuo. Por lo que, para él, la rección dialéctica (en principio "ocultará" la unicidad conceptual de *lo metafísico-lo dialéctico*), vale decir, aquel modelo que "explica" la configuración de la realidad a través de un modelo creado conceptualmente por el Pensamiento, que se sostiene es el que establece el *"orden"* al *"desorden"*, al definir a la esencialidad dinámica del desorden como una configuración en la que se oponen y pugnan en una unidad dos términos conceptuales o conceptos opuestos, polarizados, de cuyo enfrentamiento surge la dinamicidad (el *"todo cambia"*), en lo que podríamos denominar el "desorden natural", enfrentado al "orden natural".

Otra dualidad que enuncia Bachelard es la de [*lo concreto – lo abstracto*]. Y así como en la dualidad anterior, en la que el *orden* detenta la mayor jerarquía en la dualidad [*orden – desorden*], en ésta la mayor jerarquía es detentada por el concepto de lo *abstracto*.

Por supuesto que desde estas dos se integra a la trama de las mismas la dualidad [*verdad – error*], siendo el primero el término de mayor jerarquía.

Bastan estos tres ejemplos de dualidades conceptuales de oposición jerarquizada para concluir que el pensamiento de este filósofo está regido condicionadamente por la rección (metafísica)–dialéctica bimilenaria, con origen en el concepto de *khorismós* de Platón, que señaló la escisión existente o la existencia de la escisión o separación entre los dos términos conceptuales constituyentes de la unidad esencial *ente-ser*, enfrentando por oposición a ambos, y estableciendo un orden jerárquico (ordenamiento jerárquico) que torna a uno de esos términos de mayor jerarquía que el otro (el del *ser*, con respecto al del *ente*).

De este modo, nos encontraremos con que ests dualidades responden a un modelo configuracional que proviene de la evolución de la dualidad esencial inicial *ente-ser* (una unicidad conceptual indisociable entre los físicos-filósofos integrados griegos), al establecerse la escisión entre ambos términos y jerarquizarse al *ser* sobre el *ente*, transmutando el *ser* a *Ser* o Dios, vale decir, la jerarquía suprema.

De esta manera, los conceptos de mayor jerarquía en todas las dualidades de oposición se corresponden configuracionalmente con el concepto de *Dios*, de la divinidad suprema, aquella que anima a la totalidad del universo.

En consecuencia, los conceptos de *orden*, de *verdad*, de *lo abstracto*, deben ser considerados "cualidades" correspondientes a la divinidad, a Dios, al *Ser*, y, en consecuencia, conformando una trama conceptual jerarquizada en la trama conceptual del Pensamiento y de los pensamientos individuales y colectivos (según el pensamiento integrado). De tal manera que los conceptos mencionados están tramados con todos los demás conceptos de mayor jerarquía en cada dualidad. Tales como *infinitud, inmaterialidad, atemporalidad, inmutabilidad, absolutez, igualdad*, y así sucesivamente. Estableciéndose así la trama conceptual opuesta, la de menor jerarquía de cada dualidad de oposición, y que se corresponde con las cualidades del *ente*, es decir, del universo o continuo, de la realidad de la naturaleza. Esta trama, entonces, está conformada por los conceptos del *desorden*, del *error*, de *lo concreto*, de *lo material*, de *lo relativo*, de *lo temporal*, de *lo transmutable*, de *lo desigual* (en realidad de lo diverso), y así sucesivamente.

Para Bachelard, asimismo, toda la trama de conceptos de menor jerarquía poseen el "*carácter de obstáculo*", para el *"proceso de abstracción"* (que nosotros denominamos "el proceso de divinización"). Y señala que *"el carácter de obstáculo"* (...) *"lo presenta la experiencia, estimada concreta y real, estimada natural e inmediata."*

Y Bachelard se exalta al considerar que al establecer el pensamiento científico *"un orden probado"*, un *"orden abstracto"*, arriba a lo que denomina el *"destino grandioso del pensamiento científico abstracto"*, el que define como *"el nuevo espíritu científico"*, cuyo origen evolutivo sostiene que se da a partir de 1905-06, cuando Einstein publica su *Teoría de la Relatividad* (primeras ponencias).

II
LA "REVOLUCIÓN DE EINSTEIN"

El tercer periodo señalable en la evolución del pensamiento científico, según Bachelard, presenta las siguientes características:

• se origina en el acontecimiento en que *"la Relatividad einsteiniana deforma conceptos primordiales que se creían fijados para siempre"*;

• evoluciona, desde este origen, en que *"la razón multiplica sus objeciones, disocia y reconfigura las nociones fundamentales y ensaya las abstracciones más audaces."*

Y continúa, aunque nosotros nos ceñiremos en este capítulo a estos dos puntos que acabamos de señalar.

¿Qué es lo que en realidad propone Einstein (1905-1906?

Insólitamente (tal vez no tanto), su propuesta no proviene sólo y esencialmente de la Física, sino, como fue el acontecimiento de los físicos, luego físicos-filósofos griegos, a quienes nosotros calificamos de *integrados*, también (y fundamentalmente) proviene de la filosofía-las filosofías, del pensamiento filosófico.

Incluso hasta podría afirmarse que el pensamiento filosófico es determinante en sus propuestas.

¿Por qué?

Porque puede decirse que lo que propuso Einstein fue el trastocamiento del ordenamiento jerárquico en la dualidad conceptual *absolutez-relatividad*, transmutándolo (de acuerdo con la notación del pensamiento integrado, que ubica como el primer término en la dualidad al de mayor jerarquía) a la dualidad *relativo-absoluto* o *relatividad-absolutez*.

¿Cuestionó Einstein el modelo configuracional de la rección metafísica-dialéctica, que consistió –y consiste hasta estos presentes– en sostener que la dinamicidad existente en la totalidad de la trama del universo se debe al enfrentamiento, a la oposición, a la pugna entre opuestos polares jerarquizados?

No.

Sólo señaló Einstein la mayor jerarquía conceptual (o la elevó), en la trama del universo –el espacio, el tiempo– del concepto de *lo relativo* sobre el concepto de *lo absoluto*.

Y ésta es *"la deformación"* (...) *"de los conceptos primordiales que se creían fijados para siempre"*, según Bachelard.

Y repárese en que refiere a *"los conceptos primordiales"*. Claro que en realidad Bachelard debía referirse a *"la deformación"* de *las dualidades conceptuales primordiales*, o, más precisamente, a una dualidad conceptual primordial: *relativo-absoluto*, que él enunció transmutando el orden jerárquico de la dualidad sostenedora del pensamiento científico y de su evolución, no desde los tiempos de *"la antigüedad clásica"* –como afirma–, sino más precisamente desde la escisión platónica en la unidad esencial (la *Unidad*) *ente-ser*: la dualidad *absoluto-relativo*.

¿No es esto, acaso, lo más concreto, determinante de la propuesta de Einstein?

Pero insistimos: él no cuestionó lo que cuestiona la *Teoría de la Integración*, sino que, al contrario, dio por *destinacional* la configuración modélica metafísica-dialéctica bimilenaria (bajo rección determinante-condicionante).

No ha habido, entonces –en la irrupción einsteiniana– una transmutación de la trama conceptual del Pensamiento-los pensamientos. Por lo que el pensamiento de Einstein, como el de Bachelard, continúan regidos condicionadamente por la conceptualidad metafísica-dialéctica, sin que, pese a la trascendencia asignada a estas afirmaciones, se hubiese producido una transformación, o transmutación del Pensamiento de la Asociación.

Aunque debe señalarse que otro avance de integración se dio al evidenciarse –aunque no haya existido plena conciencia o lucidez de este acontecimiento– que la rección conceptual sobre la trama de los pensamientos era determinante (modificable), y no condicionante-destinacional (inmodificable, inmutable), como se creyó hasta Einstein (claro que al creerle a Einstein).

Por otra parte, la confesión de Bachelard es sorprendente (al menos para nosotros y el objetivo de esta obra) en relación con *"los conceptos primordiales"*. Afirma que esos conceptos primordiales se creían fijados para siempre (claramente conceptos divinos). Es decir, eran *eternos, inmutables, inmodificables,* y así sucesivamente. Pura metafísica-dialéctica bimilenaria.

Finalmente –y antes de proseguir con el segundo punto del Tercer periodo de Bachelard– nos alucina el concepto utilizado de *"deformar conceptos"*, el que sólo parece significar un acto de restauración y de reparación de un desorden, que se creía orden absoluto, transmutándolo a "otro orden", también absoluto, vale decir, "fijado para siempre".

La *Teoría de la relatividad* tiene ciertamente el valor de una *corrección configuracional conceptual,* más precisamente de la corrección de una única dualidad conceptual, de origen bimilenario. E incluso una corrección que hasta configuracionalmente no es caso perceptible, puesto que la transmutación endógena a la misma *sólo* es referente al orden jerárquico, en su determinación. Pero esto basta para concretar una revolución en el Pensamiento, y especialmente en el ámbito de la indagación, en tanto permite "dudar" de la asignación condicionada –y entonces absoluta– a lo emergente de la indagación del continuo.

La metafísica-dialéctica

Nuevamente dejamos en claro que la rección conceptual *metafísica* sobre los "Pensamientos", y entonces sobre el Pensamiento de la totalidad de las asociaciones humanas, que aquéllos integran, rige desde el acontecimiento de origen de la Asociación o humanidad, es decir, desde que los homínidos, habiendo llegado al grado más intenso de la *conciencia*, transmutaron ésta a *conciencia-pensamiento*, originándose así la Asociación de los humanos.

Lo que evaluamos como *bimilenario* es la unicidad conceptual, en la Grecia de los físicos-filósofos integrados, de la metafísica-dialéctica, debido al origen de este último concepto, referido al *ente* de la dualidad esencial *ser-ente*, mientras la conceptualidad metafísica se refería al *ser*.

Así, la dualidad especulativa –unicidad conceptual– *ser-ente* o *ente-ser*, era representada por la dualidad especulativa y unicidad conceptual *metafísica-dialéctica* o *dialéctica-metafísica*.

Es entonces cuando Platón origina el concepto de *khorismós*, o escisión entre el *ser* y el *ente* (o dualidad "en tensión" de alejarse-acercarse –temor de Kant–) un término conceptual que posibilitó a aquel "Pensamiento" transmutar el *ser* a *Ser* o Dios, en su relación con el *ente*, o mundo físico, transmutando a la unicidad conceptual *ente-ser* o *ser-ente*, en la dualidad conceptual de oposición jerarquizada *Ser-ente*.

Pensemos –evoquemos– la unicidad conceptual pre-pletónica del *ente-ser* o *ser-ente*, y la posterior –pos-platónica– del *ente – khorismós – ser*, y luego, finalmente, y durante un bimilenio, la dualidad esencial *Dios/Ser - khorismós - ente/mundo*.

Para el pensamiento integrado, tal transformación refiere necesariamente a una mayor intensidad de la integración del Pensamiento (o una menor intensidad de la des-integración) con la trama real del universo, o más próxima a lo real, como ha venido sucediendo paulatinamente a lo largo de la evolución asociativa de la Asociación. Por lo cual debemos evocar que estamos refiriéndonos a la *representación conceptual* de la configuración-contenido del universo, originada en el Pensamiento.

Bachelard lo percibe y lo define *"como signos de una asombrosa madurez espiritual."*, que se han dado apenas *"En veinticinco años..."* No lo asigna a lo que la *Teoría* ha descubierto en las últimas dos décadas. (Sólo imaginemos por un instante lo que provocará la *Teoría de la Integración* en el Pensamiento, cuando éste la incorpore... nosotros hablamos de un "apocalipsis" integrador). Pero registra la intensa transformación como *"la era del nuevo espíritu científico"*, o tercer periodo del proceso evolutivo del pensamiento científico.

Y enumera los pensamientos considerando que *"uno sólo de ellos bastaría para dar lustre a un siglo."*: *"...la mecánica cuántica, la mecánica ondulatoria de Louis de Broglie, la física de la materia de Heisenberg, las mecánicas abstractas, y, sin duda, muy pronto las físicas abstractas..."*

En cuanto al segundo punto que hemos señalado, nos focalizamos ...al menos en principio– en la afirmación de Bachelard acerca de que *"la razón ensaya las abstracciones más audaces"*, desde el origen del tercer periodo (o Tercer Periodo).

En realidad, lo que el pensamiento proyecta con "audacia" paradigmáticamente es *la creación* de conceptos o tramas conceptuales a partir de conceptos o tramas de conceptos emanados de la indagación del continuo, mediante operaciones de asociación del pensamiento indagador. Es decir, especulativamente, tal como sucede paradigmáticamente con el concepto de *infinitud*, creado sobre el concepto de *finitud*, emanado éste de la indagación del continuo (y sostenedor, en cuanto a su realidad, del concepto de concepto de la *infinitud*).

Reafirmemos que *infinitud* es un concepto de concepto, según lo denomina el pensamiento integrado.

Bachelard en realidad se refiere a que la transformación conceptual efectuada por Einstein, y sostenida y originada desde y en el pensamiento indagador (científico) –transformación que él mismo advierte que es consecuencia de la evolución del pensamiento indagador, evaluando dicha transformación como un "paso adelante", una "revolución", un causante de "*audacias*", de "*las abstracciones más audaces*"– es una trascendente transformación del Pensamiento.

Tengamos presente que la casi inconcebible audacia de Einstein fue trastocar el ordenamiento jerárquico de la dualidad conceptual, bajo rección metafísica-dialéctica, [*absoluto – relativo*] (que había –que ha– acabado por ser prácticamente una Unidad conceptual = *absoluto*, o en todo caso, una configuración heideggeriana, como *Ente-es*) por la "nueva" dualidad [*relativo – absoluto*].

Sin embargo, si la dualidad de oposición "matriz" o esencial y bimilenaria: *Ser-ente*, o *Dios-mundo*, o *Dios-naturaleza*, tiene, en su diversidad de unidades a la dualidad *absoluto-relativo*, o en realidad *Absoluto-relativo*, considerando a la *Absolutez* una cualidad del *Ser*, o Dios, y a *relativo* una cualidad del *ente*, de la materia o mundo material, natural, Einstein, en realidad, sólo intensificó la jerarquía conceptual de *relativo*, se focalizó en ella sin anular, neutralizar o negar el concepto de *Absoluto*, vale decir, sin negar el concepto de concepto, el de mayor jerarquía, la representación de la cualidad divina, y entonces componente de la trama conceptual: *infinitud, igualdad, inmaterialidad, inmutabilidad, atemporalidad*, etc.

Después de Einstein, y contemporáneamente a Einstein, Heidegger, desde la filosofía (una filosofía) –y no desde la Física-Filosofía integrada– adopta el expediente de referirse al "*ente en total*" (lo que conlleva el apoyo de la tradición y el prestigio de la filosofía griega), transformándolo en *Ente*, y reconstituyendo dicha dualidad esencial como *Ente-ser*, siendo el *Ente* (lo físico) el término de mayor jerarquía, y hasta tal punto que reduce el *ser* (lo metafísico) a una mera cópula –el *es*– que sólo puede ser elevado jerárquicamente por un gran poeta alemán, como Goethe. Así, la dualidad esencial para el filósofo alemán será: *Ente-es*, o *Ente - khorismós - es*.

Lo que queremos decir es que Bachelard "vive con exaltación", como la causa de "grandes audacias del Pensamiento" (y para él "*la razón*"), el que Einstein sostenga lo relativo de un concepto considerado desde hacía más de veinte siglos como *lo absoluto*: el tiempo.

III
LOS OBSTÁCULOS EPISTEMOLÓGICOS

Para Gastón Bachelard, lo que el pensamiento integrado denomina indagación (en referencia directa a la indagación de la trama del continuo), es llamado por él "*conocimiento científico*", y planteado como caracterizado por ser en sí un "*problema*", y devenir esta caracterización de los "*obstáculos*" que se le presentan.

En síntesis: afirma que "*hay que plantear el problema del conocimiento científico en términos de obstáculos*".

Pero –y esto es de extrema importancia– sostiene que "*los obstáculos*" no se deben a "*la complejidad o fugacidad de los fenómenos*" (obstáculos externos), o "*a la debilidad de los sentidos o del espíritu humano*", (obstaculos internos) sino que residen "*en el acto mismo de conocer, íntimamente, donde aparecen, por una especie de necesidad funcional, los entorpecimientos y las confusiones.*"

Reflexionemos acerca de esta afirmación.

Nuestro previo juicio –y de ahí la calificación de "*extrema importancia*"– es que Bachelard percibe, sólo percibe, y en principio, que la indagación científica se enfrenta con *"obstáculos"* que le ocasionan *"los entorpecimientos y las confusiones"*; y que –sin nombrarla–, se está refiriendo a los *"entorpecimientos"* y *"obstáculos"* provocados en el pènsamiento indagador por la rección considerada destinacional metafísica-dialéctica sobre la trama conceptual del mismo.

Vale decir que tal rección, centrada en la conformación de dualidades de oposición jerarquizadas, en las cuales uno de los términos, el de mayor jerarquía, no es un concepto o representación emanada de la indagación de la trama del continuo, sino un concepto *creado* por el Pensamiento de la Asociación en oposición especulativa a su par en la dualidad. Así, por ejemplo, resulta el caso paradigmático del concepto de la *finitud,* emanado del pensamiento indagador, unido en una dualidad con el concepto creado de la *infinitud,* al que se le otorga la mayor jerarquía en la misma.

Pero esta rección sostiene una concepción de mayor gravedad conceptual, especialmente para el pensamiento y la operación indagadora. Basándose en la dualización de oposición y jerarquizada conceptual total de la trama conceptual del Pensamiento, éste concluyó en que en esta oposición entre dos términos radica una cualidad insoslayable de la totalidad de la trama del universo: la dinamicidad (el *"todo cambia"* de la filosofía griega antigua).

Por otra parte, la trama de dualidades integradas por un término creado y el otro término representando algo *indagado* en el universo, en las que el creado es el término de mayor jerarquía, imposible de trastocar o transmutar, por ser una cualidad de Dios, de la Divinidad Unidad o el *Ser,* y el término indagado sólo una representación de algo material (el *ente* o los *entes*), es la *trama modélica* que rige la configuración-contenido de todo concepto que integra la trama conceptual con la que el Pensamiento piensa. Y entonces con la que el pensamiento indagador indaga.

De tal manera que toda indagación sobre la trama del continuo será concretada por el pensamiento científico mediante las herramientas conceptuales originadas en la metafísica y la dialéctica. Así, el pensamiento científico indaga utilizando los conceptos metafísicos-dialécticos de *infinitud, atemporalidad, inmaterialidad, inmutabilidad, eternidad, igualdad, absolutez,* y así sucesivamente (y también la configuración-contenido, el modelo configuracional, que estos conforman).

¡Alucinante!: el pensamiento científico evalúa, califica, caracteriza a la realidad "indagada" del continuo (física) a partir de estos conceptos divinos (metafísicos) y opuestos (dialécticos). Y el ejemplo que aquí corresponde incluir es el de Einstein y su utilización de la dualidad de oposición metafísica-dialéctica *absoluto – relativo,* en la que el concepto de *absoluto* no es más que un concepto creado, cualidad de la divinidad, es decir, cualidad de lo metafísico. Lo único *absoluto* es una cualidad de Dios. No hay nada con existencia asociativa en el universo que sea *absoluto,* que posea esta cualidad o condición.

Ahora bien: en nuestro previo-juicio suponíamos que Bachelard caracterizaba a la rección creída condicionante bimilenaria como "*una especie de necesidad funcional*" –para el pensamiento integrado el considerar condicionante (y no determinante) es decir, destinacional a dicha rección, la tornaría para ese pensamiento precisamente "*una necesidad funcional*"– y percibía que la misma generaba "*entorpecimientos*" y "*confusiones*" al pensamiento científico (¡qué "confusión" y "entorpecimiento" causó al pensamiento de Einstein el creer y fundamentar su *Teoría* en la existencia de la dualidad *absoluto-relativo,* lo que lo condujo a proponer la absolutez de la velocidad de la luz, siendo ésta inexorablemente *relativa,* como la totalidad de la trama del continuo!). Tal como lo evidencian los descubrimientos de velocidades de expansión, en la GEA, superiores a la velocidad de traslación de la materia elemental (vt), o velocidad de la luz.

Pero estos "*obstáculos epistemológicos*" no se debían a lo que proyectamos en nuestro previo juicio, aunque "encajaban" en él: eran "*causas de estancamiento y hasta de retroceso*", "*causas de inercia*". Bien. Pero luego Bachelard merodeó por lo que él mismo llamó "*obstáculos externos*", y se queja de "*la complejidad o la fugacidad de los fenómenos"*, aunque pocas palabras antes había desechado que éstos fueran *"obstáculos"*.

Y entonces, no sólo enuncia que *"...lo real es una luz que siempre proyecta alguna sombra"*; y que *"Las revelaciones de lo real son siempre recurrentes."*; y que *"Lo real no es jamás lo que podría creerse."*, etc., etc., sino que continúa en queja considerando un *"obstáculo epistemológico"* a que *"se conoce 'en contra de' un conocimiento anterior..."* Pero, sin embargo, parece recapacitar y señala que *"el tener acceso a la ciencia es rejuvenecer espiritualmente."* Y agrega que *"es aceptar una mutación brusca que ha de contradecir un pasado."*

Lo que para nosotros significa que está refiriéndose a la *"mutación brusca"* ocasionada por Einstein, a la que le da tal significación evidentemente porque el físico logró una transformación que él evalúa de fantástica trascendencia al cambiar algo muy importante *sin cambiar el sistema conceptual* (la trama conceptual) sobre la que se fundamenta el pensamiento científico desde su origen más que bimilenario y durante la totalidad de su evolución, es decir, desde lo que Bachelard considera el *"estado precientífico"*, es decir, la trama conceptual regida determinada-condicionadamente por la conceptualidad metafísica-dialéctica.

La emprende a continuación contra la *doxa*, la opinión.

Pero retorna a Einstein y a su revolución espiritual. Señala que ha habido a lo largo de la evolución del pensamiento científico, diversas revoluciones espirituales. Y las justifica afirmando que, así, *"el hombre se convierte en una especie mutante..."*

Apéndice

CONCEPTUALIDAD

Conceptos utilizados por la *Teoría de la Integración* y el pensamiento integrado (y constituyentes de la trama conceptual de la misma)

acción asociativa: toda asociación elemental y toda trama asociativa o trama de asociaciones, como las asociaciones elementales, integrantes del continuo asociativo de la materia, pueden escindirse especulativamente en la dualidad integrada *asociación-acción asociativa de la asociación,* representando este segundo término conceptual, la acción asociativa, a la aptitud, a la capacidad, a la pulsión a asociarse y transmutar de dicha asociación. Lo que se ejemplifica con el concepto de *asociación elemental,* compuesta por una asociación de dos partículas indivisibles de masa (las que no son asociaciones en sí) en energía asociativa (lo que las asocia y lo que es generado por la asociación), siendo especulativamente considerada esta energía asociativa como la acción asociativa de la asociación de las dos partículas indivisibles de masa.

Asociación: expresa el concepto de la trama asociativa de la totalidad de las asociaciones humanas (la humanidad, la especie humana), tanto colectivas como individuales.

"Asociación": concepto referido a considerar restringidamente a la Asociación. Por ejemplo a llamar Asociación a la que sólo está integrada por los que pertenecen a un determinado culto religioso (o asociación colectiva), vale decir, a no considerar a la Asociación como integrada por la totalidad de las asociaciones humanas en su semejanza-diversidad, y a creer que una parte de la Asociación, entonces "Asociación", es la Asociación entera. Lo mismo acaece con el concepto de "Pensamiento".

asociación colectiva: es toda asociación o trama asociativa humana integrada por asociaciones individuales humanas y otras asociaciones colectivas; la asociación colectiva elemental está integrada al menos por dos asociaciones individuales, siendo la asociación colectiva elemental de la Asociación la pareja humana de los dos géneros., o unidad dual humana integrada por los dos géneros.

"Asociación de Dios": para la *Teoría,* ésta debería ser la denominación de las llamadas *"Partículas de Dios"*, ya que la unidad elemental del continuo es una asociación de dos partículas de masa, y no una partícula indivisible de masa.

asociación elemental: unidad elemental del continuo; para la *Teoría* está constituida por dos partículas indivisibles de masa asociadas en energía asociativa: **[2m.ea]**.

asociación individual: la *Teoría* denomina así a toda asociación individual humana, la que está integrada por la asociación en sí y por su acción asociativa, a la que denominamos *pensamiento.*

caos asociativo: es el acontecimiento en el cual prácticamente no existe evolución asociativa –en realidad, sí existe, pero en su más mínima intensidad– entre el origen y la extinción de una asociación del continuo; lo que implica que la materia no puede alcanzar niveles asociativos mayores de complejidad asociativa (*frenesí asociativo*).

codificación asociativa: el pensamiento integrado denomina así a las palabras, los términos, los signos, los nombres, que expresan a cada concepto o representación conceptual.

complejidad asociativa: toda trama más compleja que la de una asociación elemental. La complejidad de la trama será crecientemente intensa hasta arribar a la complejidad máxima de la trama total del continuo, o *Trama.*

concepto: representación emanada de la indagación de la trama del continuo por el Pensamiento, de toda asociación o trama asociativa del continuo.

concepto de concepto: es todo concepto que no se origina como representación de una asociación o cualidad asociativa perteneciente a la trama del continuo, sino como representación conceptual de otro concepto (o de una relación con otro concepto), rigiéndose, por ejemplo, por la oposición polar entre ambos términos. Paradigmática es a este respecto la dualidad de oposición [*infinitud – finitud*], en la que *finitud* es un concepto que representa a la trama del continuo (mediante descubrimiento por el pensamiento indagador) e *infinitud* es un concepto creado por el Pensamiento en relación de oposición al otro, su opuesto polar *finitud.*

configuración-contenido: unicidad conceptual indisociable, de términos conceptuales indisociables entre sí, por lo que uno es el otro y ése es el uno. Expresa al *ser-ente*, y a la *asociación-acción asociativa.*

continuo: proviene del concepto de *continuo asociativo de la materia*, o universo, o cosmos para el pensamiento integrado.

cron: (o **presente**) unidad temporal elemental del continuo, equivalente al tiempo asociativo de una asociación elemental que se extingue y se origina al trasladarse por el espacio del continuo.

desigualdad: concepto especulativo, propio del pensamiento metafísico-dialéctico, y surgido de la oposición polar al concepto de *igualdad*, el otro término de la dualidad metafísico-dialéctica de oposición jerarquizada *igualdad-desigualdad;* no debe confundirse este concepto con el de diversidad, propio del pensamiento integrado.

determinación: lo que en una asociación o trama asociativa posee uno de los componentes integrantes de la misma en un mayor grado de intensidad que los demás, por lo que puede considerarse que los rige. Por ejemplo, en una asociación colectiva *sociedad*, un modelo (configuración-contenido de una sociedad) es determinante en relación a los otros modelos componentes, por lo que ejerce una rección *determinante* sobre todos los otros.

dirección asociativa: se denomina así en la *Teoría* a la dirección de los flujos de materia, integrados por asociaciones elementales en transmutación-asociativa (acontecimiento de la luz) en su traslación por el espacio del continuo provenientes de fuentes emisoras del mismo (todo cuerpo celeste que recepcione-emite materia hacia el espacio del continuo).

diversidad asociativa: el concepto de *diversidad asociativa* (asociación transmutativa-transmutación asociativa) es aquél cuyos dos extremos conceptuales pueden denominarse de *frenesí asociativo* (el de mayor intensidad transmutativa), y el de *esclerosis asociativa* (el de menor o menos intensa, transmutación asociativa).

diversidad-semejanza: unicidad conceptual (ver *semejanza-diversidad*)

evolución asociativa: lapso de la existencia asociativa de una asociación o trama asociativa del continuo comprendida entre el acto de origen asociativo y el acto de extinción asociativo.

emisión-recepción: unicidad conceptual que expresa o representa así el concepto de que no puede escindirse un término conceptual del otro, de tal manera que todo aquello que recepciona emite y todo aquello que emite recepciona.

energía asociativa: denominamos así a toda energía proveniente o generada por las acciones asociativas de las asociaciones elementales, o de las tramas asociativas de la totalidad del continuo.

energía asociativa elemental: es la acción asociativa de las asociaciones elementales **2m.ea**, aquella que la *Teoría* considera de la mayor intensidad relativa del continuo, en tanto constituye el acontecimiento de la luz en la traslación de la materia por el espacio total del continuo.

enfermedad asociativa: para la *Teoría*, es toda alteración o perturbación determinadamente provocada por la des-integración con respecto a la trama del continuo de las asociaciones con vida-conciencia-pensamiento (humanas).

Enfermedad Asociativa Única: para la Teoría es la Unidad de la totalidad de la diversidad de enfermedades asociativas que aquejan al Pensamiento de la Asociación, a los pensamientos colectivos y a los pensamientos individuales.

esclerosis asociativa: uno de los extremos, el de menor intensidad transmutativa asociativa del concepto de diversidad asociativa. (el otro es el de *caos asociativo*).

espacio asociativo elemental: espacio que integra a una asociación elemental; constituye el espacio elemental del continuo.

expansión-contracción: unicidad conceptual (todo lo que se contrae, se expante, y todo lo que se expande, se contrae).

filosofía: toda filosofía emanada del pensamiento filosófico sujeto a la rección determinante de la dialéctica-metafísica, lo que incluye a todas las filosofías, sistemas o modelos de filosofía desde Platón hasta el actual presente (filosofías de la des-integración).

Filosofía: concepto que representa a la Filosofía Integrada, o Filosofía de la Integración.

Filosofía-Física: (o **Física-Filosofía**) denominación temporaria de la unicidad conceptual que conforman la Física y la Filosofía, seguramente hasta que tal integración de estos dos pensamientos indagadores se concrete a nivel determinante del Pensamiento de la Asociación.

frenesí asociativo:(***caos asociativo***) uno de los extremos conceptuales, el de mayor intensidad asociativa-transmutativa del concepto de diversidad asociativa (el extremo opuesto a *esclerosis asociativa).*

G.E.A. Gran Expansión Asociativa: es la denominación de la *Integración* al acto de origen del continuo o universo, rechazando la denominación de Gran Bang o "*Big Bang*", o *Gran Explosión* emanado del Pensamiento sometido a la rección determinante-condicionante metafísica-dialéctica.

identidad (identidad asociativa): cualidad de semejante o de lo semejante, y entonces cualidad de lo semejante en la diversidad o de la diversidad en lo semejante; conciencia que una asociación individual o una asociación colectiva tiene o posee de ser ella misma en diversidad a las asociaciones semejantes correspondientes a su nivel asociativo (o asociación de asociaciones semejantes y diversas). **Individualidad asociativa**.

igualdad: concepto de concepto, creado a partir del concepto de semejanza. Para el pensamiento integrado representa un grado más allá (meta) del grado más intenso del concepto de semejanza, por lo que transmutó a otro concepto, a un concepto creado por el Pensamiento, especulativo, un concepto de concepto. Sólo puede ser representado –en el pensamiento bajo rección determinante de la metafísica-dialéctica– mediante una dualidad de oposición: la de [*igualdad – desigualdad*].

ilimitado: concepto referente al espacio que en el pensamiento integrado reemplaza al concepto especulativo de "*infinitud*"; concepto originado en el pensamiento de los filósofos griegos integrados.

indagación: pensamiento que *indaga* en la trama de asociaciones del continuo, para conocerlas y entonces asociarse con ellas.

innumerable: concepto referente a lo cuantitativo que en el pensamiento integrado reemplaza al concepto especulativo de "*infinitud*" en relación al número o cantidad.

khorismós: concepto griego incorporado por Platón que significa "escisión", "separación", y hasta "abismo entre dos partes o términos". El filósofo griego lo empleó para señalar la escisión entre los dos términos conceptuales de la dualidad esencial *ente-ser* o *ser-ente*, siendo el *ente* el contenido y el *ser* la configuración, que de este modo jerarquizó al *ser* en *Ser* o Dios.

"los Dios": codificación asociativa del pensamiento integrado respecto de la representación conceptual referida a la existencia asociativa de numerosos "Dios-Unidad" (o "Dios" que pretende ser la Unidad, el único Dios, sin serlo).

masa: las asociaciones elementales de la materia están integradas por dos partículas indivisibles de masa, las que al asociarse generaron y generan la energía asociativa que a su vez las asocia y constituye su acción asociativa. Estas partículas, que no se encuentran disociadas en la totalidad del continuo, no son asociaciones en sí.

nivel asociativo: ámbito o asociación de las asociaciones semejantes y diversas.

paracontinuo: sinónimo de metafísico.

"Partícula de Dios": para el pensamiento integrado es una de las denominaciones de las asociaciones elementales **2m.ea** (bimasa –dos partículas indivisibles de masa– en energía asociativa).

pasado: concepto especulativo temporal (concepto de concepto) que no representa asociación, trama asociativa o relación asociativa emanada de la indagación del continuo. Tal como sucede con el concepto de concepto de *futuro.*

pensamiento: acción asociativa de toda asociación humana, individual, colectiva o de la Asociación.

pensamiento indagador: es aquel que *indaga* en la trama asociativa del continuo (o pensamiento científico, aunque difiere del concepto establecido por el pensamiento sometido a des-integración en que constituye una unicidad conceptual integrada, sólo escindible especulativamente, con respecto a los demás pensamientos, como el filosófico, o el religioso, o todo aquel que quiera distinguirse). Todo pensamiento se asocia a la trama asociativa del continuo mediante la indagación; indagar significa descubrir cómo está constituida cada trama asociativa integrante del continuo; el pensamiento indagador incluye conceptualmente en su trama conceptual al llamado pensamiento científico, o pensamiento de las ciencias.

pensamiento individual: es la acción asociativa de toda asociación individual humana.

pensamiento integrado: o pensamiento en el que se focaliza el Modelo de Filosofía de la *Teoría de la Integración.*

pensamiento colectivo: es la acción asociativa de toda asociación colectiva humana.

Pensamiento: es la acción asociativa de la Asociación de la totalidad de las asociaciones humanas, tanto individuales como colectivas.

"Pensamiento": ver "Asociación"

perduración asociativa: cualidad asociativa de toda asociación mediante la cual, una vez originada, perdura asociativamente hasta su extinción.

presente: **(cron)** para el pensamiento integrado sólo existe asociativamente un tiempo, el presente, que siempre es una trama en evolución asociativa constante. Para la *Teoría,* el concepto de *presente* (de *unidad de presente*) refiere al lapso en el que una asociación elemental **2m.ea** (dos partículas indivisibles de masa asociadas en su energía asociativa, o pulsión a asociarse de lo que está asociado o establece una asociación) se origina y se extingue, al trasladarse por la trama de asociaciones elementales que integran el espacio en trama del continuo, es decir, en el acontecimiento de traslación de la materia en la totalidad del continuo o universo. En el llamado acontecimiento de la luz.

preservación: concepto que representa la cualidad de toda transformación de preservar lo transformado, es decir, de preservarse; para el pensamiento integrado la cualidad de la preservación en una cualidad de la transformación: toda transformación, una vez originada, deviene en preservación de lo transformado. *Transformación-preservación* constituyen una unicidad conceptual.

rección: concepto que proviene del verbo *regir* (y del latín *rex-regis*).

rección determinante metafísica-dialéctica: rección que ha regido determinadamente sobre la trama conceptual del Pensamiento, con intensidad creciente desde que Platón señaló, hace más de veinte siglos, que los dos términos conceptuales de la configuración esencial del continuo [*ser – ente*] estaban separadas, escindidas entre sí a pesar de constituir una unidad, escisión que denominó *khorismós*. Esta escisión (que llegó a considerarse "un abismo") en la des-integración entre uno y otro de estos términos de la unidad dual, origi-